Balance Your Work Life

SCHÄFFER POESCHEL **myBook**

Ihr Online-Material zum Buch
- Exklusiv für Buchkäufer: Sämtliche Arbeitsblätter aus dem Buch als kostenloses Zusatzmaterial zum Download

So funktioniert Ihr Zugang
1. Gehen Sie auf das Portal sp-mybook.de und geben den Buchcode ein, um auf die Internetseite zum Buch zu gelangen.
2. Wählen Sie im Online-Bereich das gewünschte Material aus.
3. Oder scannen Sie den QR-Code mit Ihrem Smartphone oder Tablet, um direkt die Materialien zu den Kapiteln aufzurufen.

SP myBook:
www.sp-mybook.de
Buchcode: 4864-life

Inhaltsverzeichnis

Streiflicht – drei Schlüsselfragen an den Autor 9
Zum Gebrauch dieses Buches 11
Einführung 13

1 Balance your life – durch Entschleunigung mehr Lebensfreude gewinnen 25
1.1   Balance your life – ein paar einleitende Gedanken 25
1.2   Flow als Zustand der Schaffenskraft 28
1.3   Energiebalance und der eutonische Korridor 28
1.4   Regeneration 29
1.5   Sechs Entschleunigungsfaktoren zur Stärkung der Lebensfreude und Lebenskraft 30
    1.5.1   Das richtige Mengenmaß oder »zu viel um die Ohren« 30
    1.5.2   Digitales Fasten 32
    1.5.3   Einmal täglich »Stille-Zeit« 33
    1.5.4   Fremdbestimmung 34
    1.5.5   Selbstbestimmung 35
    1.5.6   Metazufriedenheit 41
1.6   Perspektiven auf das Glück 42
1.7   Analyse Ihrer Lebensbereiche: Arbeitsblätter Entschleunigung
     für mehr Lebensfreude 45

2 Balance your work – durch Entschleunigung wirksamere Leistung bringen 49
2.1   Ohne Priorisierung keine Effektivität 50
2.2   Überforderung durch unkontrollierten Mengenzuwachs 51
2.3   Das Problem der Ablenkung 52
2.4   Mit Achtsamkeit mehr Wirkung erzeugen 54
2.5   Die Pausen machen den Unterschied 54
2.6   Analyse Ihres beruflichen Alltags: Arbeitsblatt Entschleunigung
     im beruflichen Alltag 56

3 Balance your company 59
3.1   Beschleunigungsfallen in der Organisation 59
    3.1.1   Die Mitte in der Organisation 59
    3.1.2   Warum das Maximum kein Optimum ist 60
    3.1.3   Die Dynamik der Beschleunigungsfallen 62
    3.1.4   Beschleunigungsfallen vermeiden 65

3.2		Durch Reifegraderhöhung den organisationalen Rundlauf verbessern	67
	3.2.1	Fünf Schlüsselkriterien zur Verbesserung des Reifegrads	69
	3.2.2	Analyse des Reifegrades Ihrer Organisation: Arbeitsblätter zu den fünf Schlüsselkriterien	82
3.3		Lernfähigkeit von Organisationen verbessern	86
	3.3.1	Ein Blick ins Umfeld	86
	3.3.2	Was bedeutet Lernfähigkeit in Organisationen?	88
	3.3.3	Verbesserung der Lernfähigkeit in Organisationen	93
	3.3.4	Analyse der Lernfähigkeit Ihrer Organisation: Arbeitsblatt Lernfähigkeit der Organisation	96
4		**Regenerative und inspirierende Räume aufsuchen**	99
4.1		Die belebende Wirkung des Aufenthaltes im Freien	99
4.2		Das Gebirge als schöpferischer Raum	102
5		**Schöpferisch eine gemeinsame Zukunft gestalten**	107
5.1		Ein kurzer Blick in die Menschheitsgeschichte	107
5.2		Sechs Impulse für lernende Gesellschaften	109
Danksagung			113
Literatur			115
Über den Autor			121
Stichwortverzeichnis			123

Streiflicht – drei Schlüsselfragen an den Autor

»Worum geht es in Ihrem Buch?«
»Als Unternehmensberater und Coach habe ich häufig mit erschöpften Menschen und mit erschöpften Organisationen zu tun. Es geht darum, einen Weg zu zeigen, wie durch clevere Entschleunigung Lebensfreude, Gesundheit, Motivation und Schaffenskraft verbessert werden können.«

»Was verstehen Sie unter cleverer Entschleunigung?«
»In einem Zeitalter der permanenten Leistungssteigerung und vielfältiger Möglichkeiten (Multioptionsgesellschaft) beschleunigt sich unser privates und berufliches Leben kontinuierlich. Dieses dauerhaft hohe Lebenstempo zieht in seiner Atemlosigkeit meist ungesunden Stress und beklagenswerte Folgeerkrankungen nach sich. Clevere Entschleunigung leistet hier einen entscheidenden Beitrag, unsere Ressourcen wieder optimal statt maximal zu nutzen. Schon in der Antike sprachen die großen Philosophen von einer Tugend der Mitte. Auf Basis einer Mitte in uns selbst, einer Mitte im Leben und einer Mitte in Organisationen erfahren wir das private und berufliche Leben ausgeglichener, zufriedener und damit erfolgreicher. Clevere Entschleunigung hilft also, diese verloren gegangene Mitte wiederzufinden.«

»Warum ist Ihr Buch auch für die Arbeitswelt geschrieben?«
»Ich arbeite zunehmend mit Organisationen, die in der sogenannten Beschleunigungsfalle stecken. Dort sind Dauerstress und Überforderung zu Normalzuständen geworden. Hohe Krankenstände, Demotivation und innere Kündigung sind die unerwünschten Folgen. Viele Führungskräfte und MitarbeiterInnen setzen sich in der Folge dann mehr mit Abgrenzungs- und Überlebensstrategien auseinander, statt Motivation und Freude an der Zusammenarbeit zu erleben. Clevere Entschleunigung zeigt Wege aus der Beschleunigungsfalle und schafft die Voraussetzungen, Leistungslust und Flow sowie Kreativität und Innovationskraft von Menschen und Organisationen zu fördern.«

Zum Gebrauch dieses Buches

> »Bücher sollten mit so viel Überlegung und Behutsamkeit gelesen werden,
> als sie geschrieben wurden.«
> Henry David Thoreau[1]

Nehmen Sie sich also Zeit.

»Durchatmen – Durchblicken – Durchstarten« wird nun zu einem leitenden Motto.

So empfehle ich, das Buch Schritt für Schritt von vorne zu lesen und sich Zeit dabei zu lassen. Impulsfragen laden immer wieder zu einer kurzen Zwischenreflexion ein. Eine gute Frage kann einen wertvollen Beitrag zur cleveren Entschleunigung leisten.

Zur umfangreicheren Analyse und Lösungsorientierung dienen entsprechende Arbeitsblätter am Ende der jeweiligen Kapitel.

---

1 Thoreau, Henry David: »Walden oder Leben in den Wäldern«, Zürich: Diogenes Verlag, 2004, S. 156.

Einführung

Erschöpfte Menschen in einer fordernden Leistungsgesellschaft
Leistungsfähigkeit und Leistungssteigerung gehören zweifellos zum Leben. Ohne Leistung würde unser Leben monoton und langweilig verlaufen. Leistung zu zeigen und zu steigern kann Spaß machen, Erfüllung bringen und wird oft als das »Salz in der Suppe des Lebens« erlebt. Sie kennen bestimmt das gute Gefühl, sich Ziele zu setzen, neuen Anforderungen zu stellen oder Herausforderungen zu bewältigen. Ist das für Sie manchmal stressig? Kein Problem, denn Stress ist zunächst einmal eine natürliche, hormonell gesteuerte Energiebereitstellung des Körpers, die Ihnen prinzipiell zu mehr Leistung verhilft. Das ist auch gut so und war schon immer ein evolutionärer Vorteil. Diese sinnvolle Energiebereitstellung muss aber in ein Wechselspiel von Anspannung und Entspannung eingebettet sein, damit die anfallenden Stresshormone auch wieder abgebaut werden können und Sie nicht überreizen. Durch regelmäßige Ruhe- und Regenerationsphasen kann Ihr Stress also durchaus positiv sein und zum sogenannten Eustress werden. Das Wort »Eu« kommt aus dem Griechischen und bedeutet »gut«, »wohl«, »angemessen«. Die Steuerung dieses natürlichen Rhythmus wird u. a. über das vegetative Nervensystem veranlasst, ist medizinisch gesehen eine altbekannte Tatsache und findet sich durch aktuelle Ergebnisse der Hirnforschung vielfach bestätigt. Dennoch fällt es uns in den Industrienationen schwer, diesen natürlichen Rhythmus einzuhalten. Warum ist das so?

Da ist zunächst die Leistungs- und Wettbewerbsgesellschaft, die mit ihren permanenten Steigerungserwartungen eine kontinuierliche Verdichtung der Arbeitswelt zur Folge hat, was in vielen Fällen Dauerstress bedeutet und Menschen und Ressourcen kontinuierlich auslaugt. Unser Privat- und Freizeitleben gönnt uns zum Ausgleich jedoch nicht mehr die wichtigen Regenerations- und Ruhephasen, denn eine auf permanenten Konsum ausgerichtete Wirtschaft treibt uns dazu an, mit dem erarbeiteten Lohn ständig neue Dinge zu kaufen oder uns kontinuierlich mit neuen Produkten zu beschäftigen. Diese »Konsumwirtschaft« verspricht uns durch den Kauf von Gütern sogar Glückserleben, was jedem Glücksforscher tiefe Runzeln auf die Stirn zeichnet und den aktuellen Ergebnissen des World Happiness Report ganz klar widerspricht.[2]

Ich komme in Kapitel 1 noch einmal ausführlicher darauf zurück.

Interessant ist, dass der »Mensch als Konsument« im Grunde erst im 20. Jahrhundert entdeckt wurde. Die fortschreitende Industrialisierung, das deutsche Wirtschaftswunder nach dem Zweiten Weltkrieg und der fortschreitende Shareholder-Value-Kapitalismus haben einer Beschleunigungsdynamik ungezügelten Lauf gelassen und Werte wie Maßhalten oder Müßiggang an den Rand gedrängt.

---

[2] https://worldhappiness.report/ed/2019/.

Parallel dazu veränderten sich unsere traditionellen Rollenbilder in Partnerschaften, welche neue Verhaltenserwartungen des Haushalts- und Familienmanagements nach sich ziehen, die nicht immer konfliktfrei ablaufen. Wer Kinder erzieht, weiß, wie anspruchsvoll und manchmal kräftezehrend diese Aufgabe ist. Doch je mehr wir den Erfolg unserer Kinder auch als den eigenen Lebenserfolg werten, desto mehr Druck und Stress entsteht bei den Kindern und uns selbst. In einer mittlerweile immer älter werdenden Gesellschaft benötigen viele Großeltern lange Unterstützungs- und Pflegephasen, die vor der Einweisung in ein Pflegeheim Zeit kosten und meist auf das persönliche Belastungskonto gehen. Das Ehrenamt ist zwar ein wertvolles Engagement, bringt aber eben auch Verpflichtungen mit sich und zusätzliche Freizeit- oder Sportwünsche halten uns weiter auf Trab.

Schließlich hat auch die Digitalisierung bereits unseren privaten Alltag vollkommen durchdrungen. Bei all den Aktivitäten in sozialen Medien, Beschäftigungen mit nützlichen oder unterhaltsamen Apps, ist unsere Aufmerksamkeit inzwischen zum begehrtesten Rohstoff des heutigen Kapitalismus avanciert. Dabei ist die Strategie der kostenlosen Internetplattformen klar: KundInnen sollen ausspioniert und dann wirksam umworben werden. Wussten Sie das?

Ein digitales »Grundrauschen« oder »always online« fördert aber nicht nur enorme wirtschaftliche Interessen, es ist auch der Auslöser einer Kultur der permanenten Ablenkung. Aus diesem Grund prognostizieren verschiedene Experten zunehmende Oberflächlichkeit im sozialen Miteinander und eine kontinuierliche Abnahme der Konzentrationsleistungen vor allem auch bei unseren Kindern.[3]

Wir stehen als Einzelne und auch als Gesellschaft also vor der großen Herausforderung, den angemessenen Umgang mit diesen neuen Technologien erst noch lernen zu müssen.

In Summe betrachtet leben wir demnach nicht nur in einer Leistungsgesellschaft, sondern auch in einer Multioptionsgesellschaft, die uns eine ungeheure Fülle an Möglichkeiten eröffnet. Noch nie hatten wir so viele Optionen, uns zu bilden, Angebote zu sichten oder die Welt zu bereisen. Noch nie standen so viele Waren zur Auswahl, noch nie waren so viele Containerschiffe auf den Weltmeeren unterwegs und noch nie fuhren so viele Lastwagen auf den Autobahnen wie heute. Letztlich waren wir auch noch nie so einer Flut an Informationen, so vielen TV Kanälen und so einer Vielfalt an Zerstreuungsmöglichkeiten ausgesetzt. Durch diese Multioptionalität laufen wir jedoch Gefahr, uns zu verzetteln oder permanent unter Druck zu sein: Ständig müssen wir vergleichen, optimieren und entscheiden.

---

3   Spitzer, Manfred: »Digitale Demenz. Wie wir uns und unsere Kinder um den Verstand bringen.«, München: Droemer Knaur, 2012. Zierer, Klaus: »Nicht ablenken lassen!«, in: DIE ZEIT, Nr. 30/2019, S. 58.
Leventhal, Adam et al. (USC): »Association of Digital Media Use With Subsequent Symptoms of Attention-Deficit/Hyperactivity Disorder Among Adolescents«, in: Journal of the American Medical Association, 2018, S. 255–263.

Man kann sich also des Eindrucks kaum noch erwehren, dass die Ökonomisierung und Optimierung aller Lebensbereiche unsere Gesellschaft inzwischen fest im Griff hat und seit Jahren unser Lebensgefühl in Tempo, permanenten Leistungsdruck und Dauerstress einbettet. Ohne Inseln der Ruhe und Muße hetzen wir so durch ein getaktetes und korsettiertes Dasein. Durch die Ablenkungsvielfalt achten wir nicht mehr auf unsere eigenen Bedürfnisse und vor lauter fremdgesteuerten Beschäftigungen kommen wir heute oft gar nirgends mehr richtig an. Mit ankommen meine ich hier: zentriert, im Lot, zufrieden und bei sich zu sein.

Erleben Sie Ihr Leben auch häufig getrieben vom ständigen Handlungszwang?

Ihr vegetatives Nervensystem läuft bei permanenter Reizflutung und mangelnden Ruhezeiten Gefahr, in ständiger Alarmbereitschaft zu sein, was u. a. eine Überproduktion von Cortisol nach sich zieht, welches negative Folgen auf unser Stoffwechselsystem bewirkt. Ständig unter Strom und unter permanentem Stress zu stehen, führt auch zu einer Reduzierung von Oxytocin, einem Hormon, das nachweislich für Vertrauensbildung und Empathie verantwortlich ist. Wer unter Dauerstress leidet, interagiert also nicht mehr so wirksam mit seinen Mitmenschen und KollegInnen. Mittlerweile wurde sogar herausgefunden, dass die ständige Aktivierung des sympathischen Nervensystems mit häufig empfundenen psychischen Belastungen in chronisch entzündliche Erkrankungen münden kann.[4]

Diesem überfordernden und ungesunden Disstress halten immer weniger Menschen langfristig stand und erkranken an Körper, Geist und Seele. Statistiken von Ärzteorganisationen und Kranken- als auch Rentenkassen bestätigen diesen Trend.

Doch die Schatten unserer Leistungs- und Wettbewerbsgesellschaft sind schon längst kein Problem des Einzelnen mehr. Sie beschäftigen mittlerweile Organisationen gleichermaßen wie die Nation. Die ehemalige Bundesarbeitsministerin in Deutschland, Ursula von der Leyen, schätzte bereits 2011 die jährlich durch Burn-out entstandenen Kosten für das Land auf knapp 10 Milliarden Euro – Tendenz steigend.[5] Der Gesundheitsreport des Dachverbands der BKK hat bereits 2015 53 Millionen Krankheitstage aufgrund psychischer Probleme durch Stress festgestellt. Psychische Erkrankungen, wie sie häufig durch Angst bedingten Stress ausgelöst werden, sind mittlerweile die wichtigste Ursache für Frühverrentung in Deutschland![6]

---

[4] Hüther, Gerald: »Wie Embodiment neurologisch erklärt werden kann«, in: »Embodiment. Die Wechselwirkung von Körper und Psyche verstehen und nutzen«, Bern: Hogrefe Verlag, 2017, S. 80.
[5] http://www.focus.de/politik/weitere-meldungen/psychische-krankheiten-von-der-leyen-kampf-gegen-burnout-im-mittelstand_aid_710083.html.
[6] https://www.muenchener-institut.de/daten-fakten-folgen-fuer-unternehmen/. Vgl. auch https://getsurance.de/ratgeber/ursachen-berufsunfaehigkeit/.

So verwundern die Ergebnisse des Meinungsforschungsinstituts Forsa kaum, die besagen, dass 62 % der befragten Deutschen »*Stress vermeiden und abbauen*« als Vorsätze für 2019 angaben.[7]

In dieser durchaus besorgniserregenden Situation ist nicht mehr nur der Einzelne gefragt, alternative Strategien und Modelle für die Entwicklung seiner Gesundheit und Lebensfreude zu erarbeiten; nein, auch Wirtschaft und Politik werden aufgerufen, Bilder und Konzepte einer neuen Gesellschaft zu entwerfen, statt sich der Gegenwart nur durch ein »Weiter so« zu verpflichten. Diese »*Utopien für die digitale Gesellschaft*«, wie sie beispielsweise der deutsche Philosoph Richard David Precht fordert, setzen dann nicht mehr nur auf permanentes Wachstum, Konsum und Leistungsoptimierung, sondern begreifen die vierte industrielle Revolution als Chance, ganz neue Wege zu gehen.[8] Viele Experten sind sich einig, dass nämlich gerade die Digitalisierung die tief greifendste Veränderung nicht nur in der (Welt-)Wirtschaft, sondern auch für alle Lebensbereiche darstellt, und es ist noch kaum vorhersehbar, welche Folgen diese Dynamik haben wird:

- Wie wird sie die Märkte und die Arbeitswelt noch weiter verändern?
- Wie soll dadurch die drohende Massenarbeitslosigkeit abgewendet werden?
- Wie können tatsächlich neue Arbeitsplätze für (fast) alle geschaffen werden?
- Welche Auswirkungen werden fortschreitende Digitalisierung und künstliche Intelligenz auf unser Seelen- oder Sozialleben haben?

Wir wissen es noch nicht.

Aber selbst der amtierende Deutsche Bundespräsident Dr. Frank-Walter Steinmeier postuliert, die digitale Revolution sei »*wirkmächtiger als die industrielle Revolution des 19. Jahrhunderts*«.[9]

Doch wenn wir in diesem großen wirtschaftlichen und gesellschaftlichen Veränderungsprozess ausschließlich ökonomisch denken und alternativlos alles nur auf Leistung und Wettbewerb, Optimierung und Konsum trimmen, fördern wir letztlich permanente Erschöpfung, Burn-out und Depression. Der Soziologe Prof. Hartmut Rosa wurde von DIE ZEIT gefragt, was ein gutes Leben ausmache. Er nennt dabei unter anderem »*Resonanzachsen zwischen Selbst und Welt*«, durch die man das Leben offener, kontaktfreudiger, beziehungsorientierter und damit berührter und erfüllter erfahren kann. Doch »*Wettbewerb und Beschleunigung ... sind Resonanzkiller, weil sie systematisch Angst erzeugen. Angst davor, abgehängt zu werden, nicht mehr mithalten zu können, oder aber: immer schneller laufen und mehr leisten zu müssen, nur um einen Platz in der Welt zu haben.*«[10]

---

7   https://www.aerztezeitung.de/politik_gesellschaft/praevention/article/978537/dak-umfrage-top-vorsaetze-2019-weniger-handy-stress.html.
8   Precht, Richard David: »Jäger, Hirten, Kritiker«, München: Goldmann Verlag, 2018.
9   Steinmeier, Frank-Walter, zitiert aus: »63 Fragen an den Mann, der auf Deutschland aufpasst«, Interview mit Goffart, Daniel/Rohleder, Jörg Harlan/Schneider, Robert; in: Focus Nr. 03/2018.
10 Rosa, Hartmut: »Was ist das gute Leben?«, in: DIE ZEIT, Nr. 25/2013, S. 13.

Wenn dieser »Platz in der Welt« ein Platz ist, der nur im Wettbewerb erreicht werden kann, zieht das nicht nur einen permanenten »Wettlauf-Modus«, Beschleunigung und Getriebensein nach sich, sondern auch die Notwendigkeit, unserer Ressourcen maximal belasten zu müssen. Das wiederum fördert aber auch eine maximale Erschöpfung. Durch die Spielregel des Wettbewerbs, sich permanent vergleichen zu müssen, verlieren wir die Chancen zufrieden und glücklich zu sein. Im Gegenteil: Man sieht sich eher einem Rechtfertigungsdruck ausgesetzt, warum man nicht dieses oder jenes auch noch getan, erledigt oder erreicht hat. Wer ein glückliches Leben führen möchte, sollte also dem andauernden Vergleich aus dem Weg gehen, denn: Des Glückes Tod ist der Vergleich.[11]

Doch nicht nur ein Mangel an Glück, sondern auch Angst ist der Preis für »diesen Platz« in der Welt. Mittlerweile werden allein in der EU die Kosten durch Angstzustände mit 170 Mrd. Euro jährlich veranschlagt.[12] Die WHO hat für die nächsten Jahre eine Zunahme angstbedingter Störungen prognostiziert.

Die einseitige Fokussierung auf Wettbewerb, Leistungssteigerung und Selbstoptimierung lässt unsere vielseitigen Potenziale und Fähigkeiten verkümmern. Marion Gräfin Dönhoff hat bereits 1997 in ihrem Buch »Zivilisiert den Kapitalismus« darauf hingewiesen, dass »*Die Überbetonung von Leistung, Geldverdienen und Karriere, die das Wirtschaftliche in den Mittelpunkt des Lebens stellt, führt dazu, dass alles Geistige, Humane, Künstlerische an den Rand gedrängt wird.*«[13]

Kreative und schöpferische Tätigkeiten des Menschen, Inspiration und Innovation sowie Lebensfreude und Gesundheit entwickeln sich nicht in einem Korsett aus ständiger Leistungsverbesserung und Steigerungslogik, Rechtfertigungsdruck und Dauerstress. Um gesund zu sein, neue Ideen zu entwickeln, schöpferisch und erfüllt unsere Welt zu gestalten, benötigen wir eben auch Ruhe, Muße und regenerative Räume. Das wird inzwischen durch aktuelle Ergebnisse der Hirnforschung eindrucksvoll belegt. Achtunddreißig Nobelpreisträger wurden einmal befragt, wie sie zu ihren genialen Einfällen gekommen sind. Sechsunddreißig von ihnen gaben geistiges Nichtstun als Quelle der Inspiration an. Neun von ihnen hatten ihren Einfall unter der Dusche![14] Somit stimulieren also Ruhephasen auch unsere Kreativität und fördern damit sogar Innovationen.

Wenn also eine Kultur und Gesellschaft danach beurteilt werden würde, ob sie Menschen gesünder, freundlicher, kultivierter, vielleicht auch klüger und glücklicher macht, ließe sich schließen, dass wir von der vierten industriellen Revolution nicht noch mehr Zeug brauchen, sondern eben mehr Zeit. Zeit, um sowohl individuelle als auch gesellschaftliche Antworten darauf zu finden, wie wir ein

---

11 Sprenger, Reinhard K.: »Die Entscheidung liegt bei Dir«, Frankfurt: Campus Verlag, 2016.
12 http://www.euro.who.int/de/health-topics/noncommunicable-diseases/mental-health/news/news/2012/10/depression-in-europe/depression-in-europe-facts-and-figures.
13 Dönhoff, Marion: »Zivilisiert den Kapitalismus«, Stuttgart: Deutsche Verlagsanstalt, 1997, S. 220.
14 Busch, Volker: »Unter Strom und ständig online – Das Gehirn zwischen Reizflut und Multitasking«, Vortragsunterlagen Regensburg 2015, www.drvolkerbusch.de.

erfülltes Leben gestalten können – denn unsere Zukunft »kommt« nicht, sie wird eindeutig von uns selbst gestaltet![15]

Viele Menschen in meiner Beratungspraxis empfinden ihr Lebenstempo insgesamt als zu hoch. Aufgrund des ständigen Handlungszwangs fehlt es in einem Zeitalter der Ruhelosigkeit an atmenden Lebensbereichen und Regenerationsphasen. Meine hier vorgestellten cleveren Wege zur Entschleunigung zeigen auf, wie diese atmenden und regenerativen Zwischenräume wieder regelmäßig Teil unseres Lebens werden können, und wie dadurch unsere Leistungsfähigkeit, Kreativität und Lebensfreude gefördert werden können.

> *»Es kommt nicht darauf an, dem Leben mehr Jahre zu geben,*
> *sondern den Jahren mehr Leben zu geben.«*
> Alexis Carrel, Nobelpreisträger für Medizin[16]

Erschöpfte Organisationen im Hamsterrad
In der seit Jahren bestehenden Wettbewerbs- und Veränderungsdynamik vieler Organisationen zeichnet sich am Horizont kein ruhigeres Fahrwasser ab – im Gegenteil. Die zunehmende Internationalisierung, die global wirkende Digitalisierung, die viel beschworene Elektromobilität und das autonome Fahren halten Organisationen gehörig auf Trab. Zahlreiche Start-ups, die tradierte Geschäftsmodelle im Handel, im Taxi- oder auch im Hotelgewerbe ins Wanken bringen, schaffen ständig neue, teilweise besorgniserregende Wirklichkeiten, die betroffenen VerantwortungsträgerInnen keine Ruhe lassen. Um in dieser Dynamik wettbewerbsfähig bleiben zu können, müssen Organisationen im Hochlohnland Deutschland ständig ihre Effizienz verbessern, die Digitalisierung vorantreiben oder unter Zeitdruck Innovationen entwickeln. In vielen öffentlichen oder sozialen Organisationen werden aus politischen Gründen Sparkurse gefahren, welche die steigenden Arbeitspakete auf immer weniger Schultern verteilen. Und schließlich fühlen sich viele LehrerInnen beim Thema Inklusion überfordert, weil entweder durchdachte Konzepte oder notwendige Anpassungszeiten an die neuen Herausforderungen fehlen, um nur einige Beispiele zu nennen. Eine permanente Arbeits- und Leistungsverdichtung sowie ständige Veränderungsprojekte führen jedoch zwangsläufig in eine organisationale Beschleunigungsdynamik, die weit davon entfernt ist, Leistungslust, Kreativität oder Innovation zu fördern. Zusätzlich anstehende Arbeitspakete werden nämlich in der Regel einfach nach unten abgegeben ohne konkrete Überlegungen anzustellen, wie die operative Basis diesen Mengenzuwachs überhaupt stemmen soll.

Meinen langjährigen Beobachtungen zufolge ziehen aber fehlende Anpassungs- und Veränderungskonzepte sowie mangelnde »Lernzeiten« später chronische Überlastung und Dauerstress nach sich. Nicht selten haben weite Teile der Organisation dann das Gefühl, an der Grenze der

---

15 Precht, Richard David: »Jäger, Hirten, Kritiker«, München: Goldmann Verlag, 2018, S. 15.
16 Carrel, Alexis: http://zitate.net/alexis-carrel-zitate.

Überforderung zu stehen. Wenn dabei, etwas provokant ausgedrückt, die Geschäftsführung ihre Daseinsberechtigung nur durch das Generieren neuer Themen und neuer Projekte definiert, ohne dabei den aktuellen Workload zu berücksichtigen, dreht sich das Hamsterrad an der Basis noch schneller. Wird ein größerer Anpassungsvorgang oder ein Reengineering also kontinuierlich bei »laufendem Motor« durchgeführt, empfinden MitarbeiterInnen das häufig als »eine Operation am offenen Herzen«. In vielen Organisationen entsteht also durch Mengenzuwachs und Veränderungsdruck ein klassisches Dilemma: Das Bewältigen dieser »on top«-Leistungen kann zwar in der Regel durch die Verbesserung der Effizienz in den Arbeitsabläufen mittelfristig gestemmt werden; die dafür üblicherweise verwendeten Effizienzsteigerungsmethoden beispielsweise aus dem Lean Management müssen aber erst noch erlernt werden. Das kostet Zeit. Bis in Veränderungsprojekten neu eingeführte Systeme, Prozesse oder sonstige Aufgaben fehlerfrei bedient und in optimaler Qualität abgearbeitet werden können, braucht die Organisation ebenfalls Zeit. In dieser Anpassungs-, Lern- oder Entwicklungszeit sinkt jedoch zunächst einmal die Leistungsfähigkeit der Organisation und damit auch der erwartete Output. Da diese Lernzeiten in der Regel nicht als notwendige Investitionskosten gebilligt werden, entsteht hier ein Teufelskreis. Denn ohne sorgfältige Vorbereitung und Ausarbeitung stimmiger »Anpassungs- und Lernpläne« zur Umsetzung der Veränderungsvorhaben wird jeglicher Mengenzuwachs zwangsläufig Frustration und Überforderung verursachen und in den neu zu erwerbenden Fähigkeiten oder Abläufen wird sich kein nachhaltiger Qualitäts- oder Reifegrad einstellen. Hier bekommt der bedeutende aber etwas in die Jahre gekommene Begriff der Nachhaltigkeit wieder neuen Aufwind.

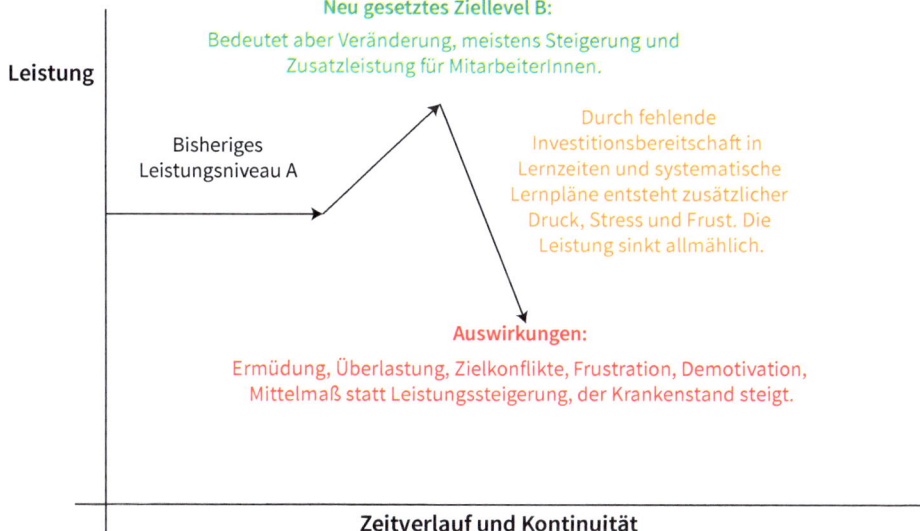

Abb. 1: Auswirkungen einer Leistungssteigerungserwartung ohne notwendige »Anpassungs- oder Trainingsleistung« nach Pit Rohwedder

Ohne die generelle Akzeptanz der Führungsmannschaft oder anderer Anspruchsgruppen wie InvestorInnen, AktionärInnen oder PolitikerInnen, dass vor allem in Veränderungsprozessen die Leistungsfähigkeit zunächst einmal abnimmt und eben nicht permanent auf hohem Niveau bleiben oder sogar gesteigert werden kann, schnappt in der Regel die Beschleunigungsfalle zu. Ein permanenter Mengenzuwachs, ein Multiprojektmanagement oder ein permanentes Change Management steuern also das Schiff eher in die Überforderung statt in die gewünschte Zone der Optimierung und Leistungssteigerung. Ich werde auf typische organisationale Beschleunigungsfallen in Kapitel 3 noch ausführlicher eingehen.

Hier stehen wir jetzt an einem interessanten Punkt, der meiner Beobachtung nach häufig außerhalb einer Wahrnehmungs- und Anerkennungssphäre gerade von Organisationen liegt: **die enorme Bedeutung der intelligenten Regeneration**. Gerade das intelligente Wechselspiel von Leistung und Regeneration ist nämlich eine zentrale Voraussetzung, um überhaupt Leistung langfristig stabilisieren oder auch idealerweise steigern zu können. Dies ist im Leistungssport eine allgemein bekannte Tatsache. Der in der Trainingslehre bekannt gewordene Begriff der Superkompensation meint den Anpassungsprozess des Körpers unter Trainingsbedingungen, in dem er nach einer Trainingsbelastung mit folgender Erholung nicht nur das gleiche Leistungsniveau wiederherstellt, sondern durch kluge Regeneration die Leistungsfähigkeit sogar über das ursprüngliche Niveau hinaussteigert. Wird im Verlauf diese höhere Leistungsbereitschaft jeweils für eine neue Trainingseinheit genutzt, kommt es zu einer erwünschten Leistungssteigerung.

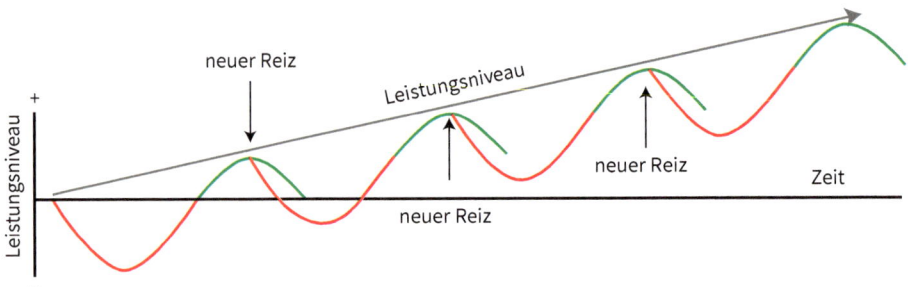

Abb. 2: Leistungssteigerung durch intelligente Regeneration (In Anlehnung an: Prof. Dr. Kuno Hottenrott, Department Sportwissenschaft, Martin-Luther-Universität Halle-Wittenberg, https://www.loges.de/de/service/magazin/das-modell-der-superkompensation-noch-praktikabel/)

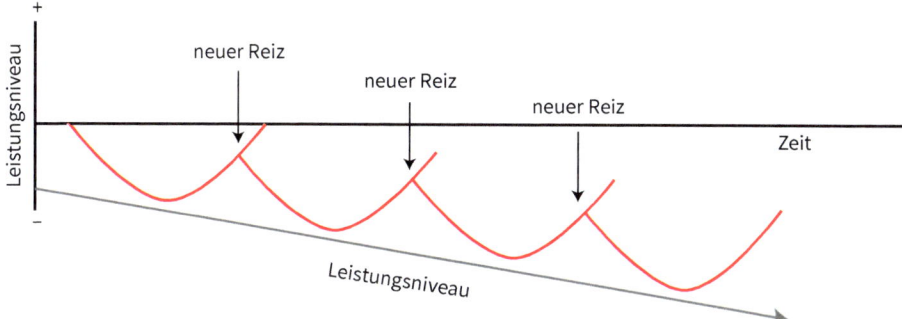

Abb. 3: Leistungsabfall durch fehlende oder mangelnde Regeneration (In Anlehnung an: Prof. Dr. Kuno Hottenrott, Department Sportwissenschaft, Martin-Luther-Universität Halle-Wittenberg, https://www.loges.de/de/service/magazin/das-modell-der-superkompensation-noch-praktikabel/)

Kein biologisches System kann ständig nur Leistung ohne Regeneration bringen. Selbst eine Maschine benötigt Zeiten der Inspektion und mindestens einen sachgerechten Ölwechsel. Aber so, wie Maschinen ohne Inspektion und Ölwechsel dauerhaft verschleißen, führt eine fehlende oder unvollständige Regeneration des Sportlers in seinem biologischen System zu Übersäuerung und unter Umständen sogar zu dauerhaft hohen Laktatwerten. Die Fachwelt diagnostiziert dann den übertrainierten Zustand.[17] In dieser Verfassung sind Steigerungen der Leistung jedoch gar nicht mehr möglich, sondern Einbrüche an der Tagesordnung – latente Erschöpfung und Mittelmaß sind die unerfreulichen Folgen und nicht mehr die angepeilte Leistungssteigerung. Pausen und intelligente Regenerationsphasen entscheiden also im Sport auch über den Erfolg, nicht nur Trainingseinheiten.

> »Und Mittelmaß macht mittelmäßige Sitten.«
> William Shakespeare[18]

Obwohl William Shakespeare in seinem Sonett den mittelmäßigen und damit durchschnittlichen Anspruch gemeint hat, lassen Sie uns an dieser Stelle einmal etwas experimentieren und seine Aussage sowie die Erkenntnisse der Trainingslehre sinnbildlich auf den Arbeitsalltag übertragen. Im Hamsterrad ständig steigender Arbeitsbelastung, bei gleichzeitig fehlenden Anpassungsvorgängen in neuen, bestenfalls intelligenteren Arbeitsabläufen steigen also die »Übersäuerungs- und Laktatwerte« in Organisationen. Durch diesen permanenten Stress entsteht ein Tunnelblick, der die Motivation an gemeinsamer Problemlösung sinken lässt. Viele Führungskräfte haben wegen der hohen Anforderungen im operativen Tagesgeschäft keine Zeit mehr für strategische Weiterentwicklungen, kümmern sich weniger um die Sorgen ihrer MitarbeiterInnen und die dringend notwendige Anpassungsbegleitung in den Veränderungsprozessen hin

---

17 https://www.owayo.de/de/magazin/uebertraining-bedeutung-ursachen-und-behandlung.htm.
18 Shakespeare, William: »Die Sonette«, München: Deutscher Taschenbuchverlag, 2012, S. 119.

zu einem neuen, erwünschten Leistungsniveau entfällt. Die Zusammenarbeit wird also immer angespannter. Im Dauerstress setzen sich bekanntlich rigide Verhaltensweisen durch, in denen der Umgang miteinander weniger wertschätzend und weniger konstruktiv wird. In der Folge rutschen die »Sitten« ins Mittelmaß ab. Fehltage, Fluktuation sowie Compliance-Verstöße senken Produktivität sowie Effizienz und treiben die Kosten in die Höhe. Mittelmaß und Stagnation sind also häufig die Folge eines Hamsterrads ständiger Leistungsverdichtung bei fehlender Anpassungsleistung und Regeneration!

In diesem Zusammenhang ist es interessant zu beobachten, wie unsere Gesellschaft und wie viele Organisationen sich häufig an den Motivationsparolen und Leistungsmetaphern des Spitzensportes orientieren, obwohl die Vergleiche mit dem Arbeitsleben ziemlich hinken. Ist Ihnen das schon einmal aufgefallen?

MitarbeiterInnen haben in den meisten Fällen ganz andere Rahmenbedingungen wie Spitzensportler und sollen über 40 Jahre lang gute Leistung bringen können. Der Hochleistungssport aber entlässt Menschen wesentlich früher – jedoch eindeutig verbraucht und ausgelaugt. Es scheint so zu sein, dass wir dieses Maximalstreben und den Shareholder-Value-Zwang völlig verinnerlicht haben, ohne zu merken, dass uns ein Maximalstreben eben auch maximal erschöpft und unsere Ressourcen maximal verbraucht. Das geht nicht lange gut. Im industriellen Umgang mit unserem Planeten und unserer Massentierhaltung, also der kontinuierlichen Ausbeutung der Schöpfung, und an den Kosten, die bereits durch Burn-out entstanden sind, tritt diese Gesinnung der kontinuierlichen Ausbeutung bereits bedrohlich zutage. Das war in der Geschichte der Menschheit nicht immer so. In der Dreifelderwirtschaft des Mittelalters beispielsweise hat der Mensch dem Ackerboden eine Erholungszeit gegönnt. Durch diese Auszeit konnte sich der Boden nicht nur erholen, sondern konnten Erträge sogar verbessert werden. Erst durch die Dynamik der Industrialisierung ist uns eine Kultur der intelligenten Regeneration, der Mäßigung und vor allem der Ehrfurcht vor dem Leben abhandengekommen. Profitgier und Raubbau haben so an Fahrt aufgenommen.

Es wäre also ein Fortschritt in der Qualität der Motivationsvorträge aus dem Spitzensport, wenn die verwendeten Motivationsparolen und Leistungsmetaphern mehr in einen realistischen Lebens- und Arbeitskontext gestellt werden würden, in dem sie sich letztlich zu verwirklichen hoffen.

FAZIT UND AUSBLICK

Leistung und Tempo gehören zum Leben – Regeneration und Entschleunigung auch. Auf den Rhythmus kommt es an. Leistungsfähigkeit und Regenerationsfähigkeit bilden also zusammen eine überaus kluge »Lebens- und Businesspartnerschaft«. Jeder Einzelne von uns, unsere Gesellschaft und unsere Wirtschaft haben die große Chance aus Beschleunigungsfallen auszusteigen und neue, innovative Wege für eine prosperierende Zukunft einzuschlagen. Doch leider nehmen wir uns oft zu wenig Zeit für sinnvolle Reflexions- und Gestaltungsprozesse. Dabei ist Reflexion oft produktiver als Aktion.

- **Zeit** ist wichtig für genaue Lebensstandortbestimmungen, Workload- und Reifegradanalysen sowie für die Plausibilitätsprüfung eingefahrener Denkmodelle und Verhaltensweisen.
- **Muße** ist wichtig, um neue Ideen und Strategien zu entwickeln. Die Hirnforschung liefert uns bereits den eindrücklichen Beweis dafür, dass kreative Prozesse im Gehirn nur im assoziativen Modus aktiviert werden können. Dieser assoziative Modus kann aber bei Reizüberflutung, ständigem Multitaskinganspruch, Dauerstress oder auch permanenter Ablenkung nicht funktionieren. Ich werde darauf in den folgenden Kapiteln noch öfters Bezug nehmen.
- **Ruhe** ist wichtig, um neue Wege, Prozesse oder Verhaltensweisen sorgfältig und effektiv einzustudieren.

Meine hier vorgestellten Wege zur cleveren Entschleunigung leisten einen entscheidenden Beitrag darin, wieder mehr regenerative Rhythmen im Leben und in der Arbeitswelt einzuschlagen, damit Vitalität und Lebensfreude, Innovation und Leistungssteigerung wieder Spaß machen.

Die »Mitte« ist dabei eine Metapher, die auf Ausgewogenheit und Stimmigkeit baut und damit unsere Ressourcen optimal, statt maximal beansprucht:

- Die Mitte in sich selbst führt zur inneren Zentriertheit in einer Welt permanenter Erwartung und Ablenkung.
- Die Mitte im Leben bedeutet einen stimmigen Platz zu haben, an dem man sich wohl und sozial aufgehoben fühlt.
- Die schöpferische Mitte in der Arbeit hilft, Leistungslust zu erleben, aber dabei im Lot zu bleiben und sich nicht permanent zu verausgaben.

Wir starten im ersten Kapitel zunächst mit der »Mitte in sich selbst« und dem Thema »Balance your life – Entschleunigung für mehr Lebensfreude.«

Im zweiten Kapitel zeige ich Ihnen Wege, wie Sie durch clevere Entschleunigung Ihre Arbeit rhythmisieren und damit Leistungsfreude fördern können. Im dritten Kapitel werden typische organisationale Beschleunigungsfallen beschrieben und Wege aufgezeigt, wie durch clevere Entschleunigung schöpferische und damit auch innovative Leistungslust in Organisationen gefördert werden können – Burn-in statt Burn-out. Im vierten Kapitel beschreibe ich den wohltuenden und innovativen Nutzen, regenerative und inspirierende Räume aufzusuchen. Im letzten Kapitel geht es schließlich darum, wie durch Entschleunigung, Mitteschaffen und Maßhalten, eine nachhaltige Zukunft gestaltet werden kann, statt den Planeten und uns Menschen weiterhin rigoros auszubeuten.

Ich wünsche Ihnen viele interessante Anregungen zur intelligenten und cleveren Entschleunigung, welche Ihnen helfen können, Ihr privates und berufliches Leben auf einen dauerhaften Kurs der Lebensfreude und Schaffenskraft zu bringen.

Pit Rohwedder, Schwangau im August 2019

1 Balance your life – durch Entschleunigung mehr Lebensfreude gewinnen

Zu den wichtigsten Herausforderungen unserer Zeit gehört es, wie wir mit dem bereits beschriebenen Dauerstress und dem hohen Lebenstempo umgehen lernen, damit wir gesund, zufrieden und glücklich sein können. Meine Ausführungen über intelligente und clevere Entschleunigung verfolgen das Ziel, Ihrem Leben insgesamt eine ausgewogene Richtung zu geben, damit Gesundheit, Lebensfreude und Schaffenskraft gefördert werden können. Entschleunigung stellt dabei einen Weg dar und darf nicht als reiner Selbstzweck verstanden werden. Denn ausschließlich entschleunigt zu leben wäre vermutlich ausgesprochen langweilig.

> »Strebe nach Ruhe, aber durch das Gleichgewicht,
> nicht durch den Stillstand deiner Tätigkeit.«
> Friedrich von Schiller[19]

1.1 Balance your life – ein paar einleitende Gedanken

Beginnen wir mit einer grundlegenden Frage: Wann fühlen sich unser Lebens- und unser Arbeitsalltag gut an?

Dann, wenn wir über die Fähigkeiten und Mittel verfügen, mit denen wir unsere kleinen und großen Herausforderungen selbstwirksam lösen können. In diesem »Modus des Gelingens« befinden sich auf der einen Seite die an uns gestellten Anforderungen und auf der anderen Seite unsere Kompetenzen und Ressourcen in einer Art Gleichgewichtszustand. Derart ausgewogen hat unser Lebensenergiehaushalt einen gesunden »Vital- und Leistungstonus«. In diesem erleben wir Selbstwirksamkeit, Freude an der Leistung, Lebenskraft und Zufriedenheit. Kennen Sie den Zustand, wenn es dahin fließt und trotz Anstrengungen einfach »flutscht«? Wann haben Sie so einen Zustand das letzte Mal erlebt?

---

19 Schiller, Friedrich: »Über naive und sentimentalische Dichtung« in: »Sämtliche Werke«, Fricke, Gerhard/Göpfert, Herbert/Stubenrauch, Herbert (Hg.), 3. Auflage, München: Hanser, 1962.

1 Balance your life – durch Entschleunigung mehr Lebensfreude gewinnen

Dieser Zustand kann auch mit den Saiten einer Gitarre verglichen werden: Sind die Saiten zu locker, ist es zwar entspannt, auf Dauer aber langweilig und fad; ist die Saite zu fest, gibt sie nicht mehr den richtigen Ton an und droht zu reißen. Der richtige Ton einer Gitarrensaite bedeutet also im übertragenen Sinne, den optimalen Spannungszustand herstellen zu können.

Wenn wir den Anforderungen, Herausforderungen oder Problemen des Lebens über die selbstwirksame Bewältigung hinaus noch eine Bedeutung geben und einen Sinn verleihen können, stellt sich ergänzend noch ein besonderes Gefühl ein: Kohärenz. Im Zustand der Kohärenz erleben wir die Anforderungen oder die Herausforderungen des Lebens als für uns stimmig. Diese Stimmigkeit speist sich also einerseits aus den vorhandenen Bewältigungskompetenzen und andererseits aus der Bedeutungs- und Sinngebung.

Der Kohärenzbegriff ist ein zentraler Aspekt der Salutogenese, welches die Wissenschaft von der Entstehung und Erhaltung der Gesundheit ist. Das Salutogenese-Modell geht auf den Soziologen Aaron Antonovsky zurück und beschreibt Gesundheit und Zufriedenheit als einen dynamischen Wechselwirkungsprozess zwischen Risiko- und Schutzfaktoren, zwischen erlebbaren Krisen und den zur Verfügung stehenden Bewältigungsfähigkeiten.[20]

Dabei spielt einerseits die Grundhaltung des Menschen – wie er also seine Schwierigkeiten angeht, Rückschläge verarbeitet, Vertrauen in seine eigenen Kräfte entwickelt und seinem Handeln Sinn verleiht – eine bedeutende Rolle. Andererseits ist aber auch seine Eingebundenheit in Familie und soziale Netzwerke von Bedeutung. Diese Gestaltungs- und Widerstandsfähigkeit des Menschen hat also einen entscheidenden Einfluss auf seine Zufriedenheit, Leistungsfähigkeit und Gesundheit.

Mittlerweile ist in diesem Zusammenhang der Begriff der Resilienz sehr populär geworden. Dieser Begriff stammt ursprünglich aus der Materialwirtschaft und meint die Elastizität sowie Widerstandsfähigkeit verschiedener Materialien. Resiliente, also widerstandsfähige Menschen, zeichnet eine gesunde Mischung aus Stärke- und Lösungsorientierung, Zuversicht, Selbstverantwortung, Einbindung in soziale Netzwerke und positive Zukunftsplanung aus.

Der Salutogenese-Ansatz verfolgt also das Ziel, Stärken zu fördern, Ressourcen zu mobilisieren und so die Eigenverantwortung zu aktivieren. Hier bietet sich als Ergänzung zur Gitarrensaitenmetapher ein zweites Bild an: Es geht darum, »im Leben schwimmen zu lernen«, statt »vor dem Ertrinken gerettet zu werden«. Die Anregung zu dieser Metapher gab mir Dr. med. Bernd Rösel, ärztlicher Leiter der Kurklinik Schwangau/Ostallgäu.

---

20 Wydler, Hans/Kolip, Petra/Abel, Thomas (Hg.): »Salutogenese und Kohärenzgefühl, Grundlagen, Empirie und Praxis eines gesundheitswissenschaftlichen Konzepts.«, Weinheim, München: Juventa Verlag, 2000.

Die Fähigkeit also in unserer fordernden Leistungs- und Multioptionsgesellschaft immer wieder die eigene Energie- oder Lebenskraftbalance herstellen zu können, wird zu einem zentralen Schlüssel für die Gestaltung eines gesunden, zufriedenen und schöpferischen Lebens.

1.2 Flow als Zustand der Schaffenskraft

Meine Ausführungen und Anregungen sind letztlich auch vom Flow-Konzept des Psychologen und Glücksforschers Mihály Csíkszentmihályi inspiriert. Er entwickelte seine Flow-Theorie aus der Beobachtung verschiedener Lebensbereiche, u.a. von Chirurgen und Extremsportlern. Heute wird seine Theorie auch für rein geistige Aktivitäten in Anspruch genommen.[21]

»Im Fluss zu sein« und Flow zu erleben sind jedoch genau genommen unterschiedliche Dinge, auch wenn sie sich vom Wort her ähneln. Während das »Leben im Fluss« gerne auch einmal dahinfließen kann und sich eine gewisse Leichtigkeit des Seins einstellt, bezieht sich Flow eindeutig auf Leistungsfähigkeit. Flow entsteht, wenn wir ein klares Ziel verfolgen und konzentriert Tätigkeiten ausführen, die wir kontrollieren und bewältigen können. Durch das völlige Aufgehen oder Eintauchen entsteht sogar eine Art von »Funktionslust«. Wir verspüren einen »Tätigkeitsrausch«, nehmen die Zeit verändert wahr und handeln mitunter wie in Trance. Es geht dann »wie von selbst«. Da es im Zustand des Flows keine Angst vor Bewertungen gibt und man sich auch nicht selbst durch negative Gedanken quält, stellen sich manchmal sogar Glücksgefühle ein.

1.3 Energiebalance und der eutonische Korridor

Gesundheit, Lebensfreude und Schaffenskraft sind also das Ergebnis eines ausgewogenen und »eutonischen Spannungszustandes«, den wir mittels unserer Fähigkeiten und unserer Ressourcen auch immer wieder selber herstellen können. Der Begriff Eutonie setzt sich aus den griechischen Wörtern »Eu« = »gut«, »wohl«, »angemessen« und »tonos« = »Spannung« zusammen.

Die folgende Grafik stellt einen »eutonischen Korridor« dar, der ein optimales Energiegleichgewicht zwischen Anforderungen und Bewältigungsfähigkeiten darstellt. Gestalten wir unser Leben und unsere Arbeit innerhalb dieses Korridors, erleben wir Ausgeglichenheit, Lebensfreude und Schaffenskraft. Alles, was jedoch über dieses ausgewogene Maß an Anforderungen und Ressourcen hinausgeht, führt in die Überforderung. Unsere Ressourcen sind dann nur begrenzt und es drohen dauerhafte Erschöpfung oder Burn-out. Alles, was sich unterhalb des Korridors befindet, ist zwar »chillig«, erscheint jedoch auf Dauer fad oder langweilig.

---

[21] Csíkszentmihályi, Mihály: »Flow – Das Geheimnis des Glücks«, Stuttgart: Klett-Cotta Verlag, 2015.

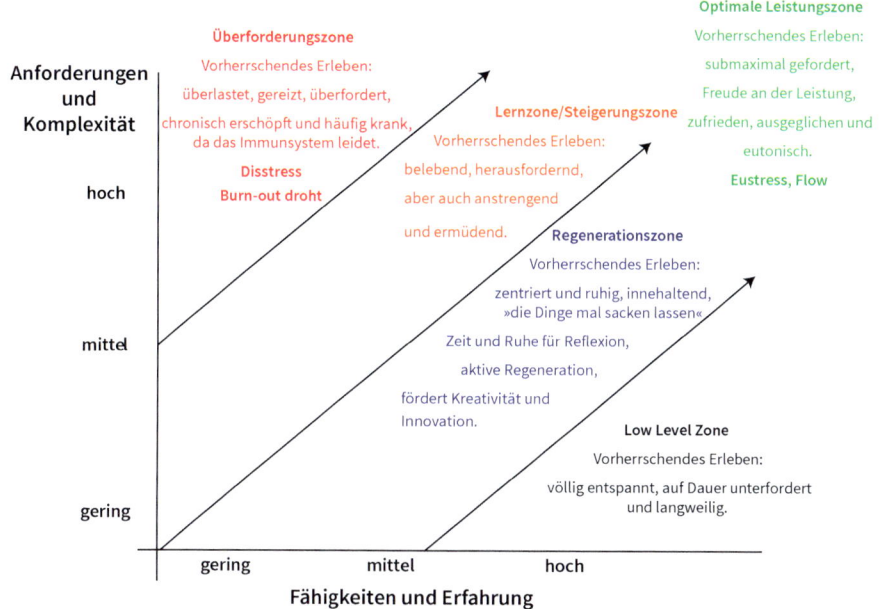

Abb. 4: Der eutonische Korridor von Pit Rohwedder

1.4 Regeneration

Wollen Sie also Ihr Leben vital, zufrieden und gesund erleben, ist zunächst einmal der bereits in der Einführung beschriebene Rhythmus von Anspannung und Entspannung nötig, den energiezehrenden Aufgaben der Arbeit und des Lebens konsequent regenerative Zeiten und erholsame Tätigkeiten entgegenzusetzen.

Diese Idee klingt im Grunde genommen banal und hat die Gesundheitsfürsorge immer schon beschäftigt – es ist aber in einer Kultur der ständigen Leistungssteigerung, Multioption und Zerstreuung erheblich schwerer geworden, dies zu beherzigen.

Halten Sie einmal kurz inne:
- Was tut Ihnen gut und sorgt so für einen direkten Ausgleich zum erlebten Stress?
- Wie können Sie sich am besten entspannen und regenerieren?
- Wie viel Platz gestehen Sie diesen regenerativen und Stress ausgleichenden Dingen in Ihrem Leben zu?

Egal welchen regenerativen Ausgleichstätigkeiten Sie nun nachgehen, bewährt hat sich auf jeden Fall dem Körper die Gelegenheit zu geben, durch Bewegung wie Nordic Walking, Fahrradfahren oder leichten Ausdauersport die freigesetzten Stresshormone wieder abzubauen.

Ein moderates Bewegungsprogramm wirkt dabei oft viel ausgleichender, als sich ständig körperlich auszupowern. Das Auspowern hat seinen Wert, doch wer sich in der Freizeit immer nur auspowern will, läuft Gefahr, sich eher weiter zu überfordern und er bleibt damit dem Verhaltensmuster des »Leistungserbringungszwangs« treu. Um aus dem Getriebensein auszusteigen, hilft eine klare Musterunterbrechung: submaximale und deswegen regenerative Leistung.

1.5 Sechs Entschleunigungsfaktoren zur Stärkung der Lebensfreude und Lebenskraft

Regeneration stellt also eine Grundbedingung dar, unseren Energiehaushalt täglich wieder in Balance zu bringen. Wenn Sie Ihrem Leben darüber hinaus jedoch insgesamt eine zufriedene und ausgewogene Lebensrichtung geben wollen, lade ich Sie an dieser Stelle ein, folgende sechs ultimativen Entschleunigungsfaktoren in Ihr Leben zu integrieren:

1. **Das richtige Mengenmaß oder »zu viel um die Ohren«** – reduzieren Sie die Mengen, denn auch das richtige Maß entscheidet über Ihre Lebensqualität.
2. **Digitales Fasten** – wer permanent online ist, lenkt sich auch ständig ab. Offline zu sein verspricht Ihnen einen neuen Erlebensluxus.
3. **Einmal täglich »Stille-Zeit«** – versuchen Sie einmal täglich ganz bei sich zu sein.
4. **Fremdbestimmung** – überprüfen Sie die Werte und Erwartungen Ihres Umfelds, denn Sie müssen es nicht immer allen recht machen.
5. **Selbstbestimmung** – leben Sie das Leben auch nach Ihren eigenen Wertmaßstäben.
6. **Metazufriedenheit** – erinnern Sie sich täglich an Positives: Was läuft auch gut?

1.5.1 Das richtige Mengenmaß oder »zu viel um die Ohren«

Wir hetzen durch ein Dasein, das komplett durchgetaktet ist, und jeder frei werdende Termin wird sogleich mit einer neuen Tätigkeit belegt. Um als erfolgreich angesehen zu werden, nehmen wir häufig Überarbeitung, Schlafmangel und Ausgebranntsein nicht nur in Kauf. Nein, wir tragen diese Selbstausbeutung manchmal sogar wie eine Auszeichnung vor uns her. Der permanente Leistungswahn und der Shareholder-Kapitalismus unserer heutigen Zeit soufflieren uns nämlich andauernd: »Du genügst nicht mehr, vergleiche dich ständig mit anderen, optimiere dich, sonst verlierst du den Anschluss« usw.

Von Wilhelm Busch gibt es dazu ein schönes Gedicht, welches hier als ein »Weckruf« verstanden werden kann:

> *»Wirklich, er war unentbehrlich! Überall, wo was geschah.*
> *Zu dem Wohle der Gemeinde, er war tätig, er war da.*
> *Schützenfest, Kasinobälle, Pferderennen, Preisgericht,*

1.5 Sechs Entschleunigungsfaktoren zur Stärkung der Lebensfreude und Lebenskraft

> *Liedertafel, Spritzenprobe, ohne ihn, da ging es nicht.*
> *Ohne ihn war nichts zu machen, keine Stunde hatt' er frei.*
> *Gestern, als sie ihn begruben, war er, richtig, auch dabei.«*
> Wilhelm Busch[22]

Um also langfristig gesund zu bleiben und eine hohe Lebensqualität zu erreichen, sollten Sie Ihre verschiedenen Lebensbereiche wie Beruf, Familie und Freizeit einmal genauer analysieren und wieder justieren. Je nach Anspannungsgrad und Dauerstress erleichtern Sie Ihr Leben, wenn Sie Aufgaben grundsätzlich reduzieren oder zeitlich begrenzt minimieren. Es kann nämlich für Ihre Gesamtsituation sehr entlastend sein, eine Weile nicht mehr auf allen Hochzeiten tanzen zu müssen.

Die folgende Grafik dient zunächst einer ersten Übersicht verschiedener Einflussbereiche auf Stress und Gesundheit. Wenn Sie gerne eine systematische Analyse zur Entlastung dieser Einflussbereiche durchführen wollen, finden Sie dazu am Ende des Kapitels detaillierte Arbeitsblätter.

Abb. 5: Einflussbereiche auf Stresserleben und Gesundheit von Pit Rohwedder

Wenn Sie beispielsweise im Berufsleben gerade sehr eingespannt sind, kleine Kinder haben, die nachts nicht durchschlafen und Ihr Eigenheim noch nicht fertig gebaut ist, fehlen Ihnen bereits Inseln der Ruhe, Muße und des Ausgleichs. Jede Zusatzaufgabe fordert Sie dann noch mehr, und Ihre Vitalität wird über längere Zeit darunter leiden.

---

22 Busch, Wilhelm: »Gedichte. Kritik des Herzens« (1874), in: »Sämtliche Werke«, Nöldeke, Otto (Hg.), München: Braun & Schneider, 1943.

Regenerative Bereiche Ihres Lebens kommen ebenfalls zu kurz, wenn Sie neben dem Berufsleben noch stark ehrenamtlich engagiert sind und außerdem noch viel Zeit für die Pflege Ihrer Eltern aufwenden. Das hat meistens einen hohen gesundheitlichen Preis.

Insofern bleibt Ihnen gar nichts anderes übrig, als clever zu entschleunigen. Entschleunigung hat hier also eher den Charakter einer Reduzierung. Das schließt nicht aus, gewisse Tätigkeiten oder Verpflichtungen später wieder einmal aufzugreifen.

Aus meiner eigenen Erfahrung und der Erfahrung vieler Klienten kann ich Ihnen bestätigen: Diese Vorgehensweise trägt zu einer spürbaren Erleichterung und damit zu einer deutlichen Steigerung der Lebensqualität bei.

> »Nimm die Zeit, um zu arbeiten, es ist der Preis des Erfolges.
> Nimm dir Zeit, um nachzudenken, es ist die Quelle der Kraft.
> Nimm dir Zeit, um zu spielen, es ist das Geheimnis der Jugend.
> Nimm dir Zeit, um zu lesen, es ist die Grundlage des Wissens.
> Nimm dir Zeit, um freundlich zu sein, es ist das Tor zum Glücklichsein.
> Nimm dir Zeit, um zu träumen, es ist der Weg zu den Sternen.
> Nimm dir Zeit, um zu lieben, es ist die wahre Lebensfreude.
> Nimm dir Zeit, um froh zu sein, es ist die Musik der Seele.«
> Monika und Udo Tworuschka[23]

1.5.2 Digitales Fasten

Um immer wieder gut bei sich selbst und damit im Lot sein zu können, müssen wir aus der täglichen Hetze regelmäßig aussteigen. Doch das Internet und unser Smartphone verhindern oft regeneratives Durchatmen und Entspannen. Nach Untersuchungen von Prof. Alexander Markowetz sind wir im Schnitt 55 Mal am Tag mit dem Smartphone beschäftigt. Alle 18 Minuten schreiben oder lesen wir Messenger-Nachrichten und E-Mails, surfen, spielen oder telefonieren wir. In der Summe sind das zweieinhalb bis drei Stunden pro Tag.[24]

Laut einer Smartphone-Studie des Beratungsunternehmens Mercer aus dem Jahr 2015 sind 99 % der befragten Führungskräfte nach Feierabend und 90 % sogar im Urlaub erreichbar. 39 % der Berufstätigen empfinden häufig Stress, weil ihr Job erfordert, ständig erreichbar zu sein. Laut dieser Studie fördert dies Daueranspannung, Konzentrationsschwäche, Unproduktivität und letztlich den »digitalen Burn-out«.[25]

---

23 Tworuschka, Monika und Udo: »Die Seele ist wie ein Wind – Weisheit der Religionen«, Zürich/Düsseldorf: Benzinger Verlag, 1999, S. 101.
24 Markowetz, Alexander: »Digitaler Burnout«, München: Droemer Knaur Verlag, 2015.
25 https://www.mercer.de/newsroom/stressfaktor-smartphone-2015.html.

Zahlreiche Unternehmen kappen daher die Verbindung zwischen Mailserver und Mitarbeiter-Smartphones nach Feierabend oder während der Urlaubszeit. Sie wollen so der Hybris der Hyperkonnektivität Einhalt gebieten und eine gesunde Grenze zwischen Arbeit und Freizeit ziehen.

Die Frage sei also erlaubt, ob unsere permanente Erreichbarkeit nicht mittlerweile die Schlange im digitalen Garten Eden ist und das Offline-Sein einen neuen (alten) Erlebensluxus in Aussicht stellt. Denn digitales Fasten leistet einen erheblichen Beitrag zu Regeneration und »Wieder-bei-sich-sein-Können.«

Tipps für digitales Fasten und gegen die Verführung, »always online« zu sein:
- Lassen Sie sich morgens von einem klassischen Wecker wecken.
- Tragen Sie wieder eine Armbanduhr.
- Verzichten Sie morgens in der Bahn oder im Bus auf das Lesen von E-Mails, und hören Sie stattdessen Musik, die Sie anregt oder entspannt.
- Richten Sie eine Abwesenheitsnotiz im E-Mail-Account ein, wenn Sie das Büro verlassen.
- Beantworten Sie keine beruflichen E-Mails in Ihrer Freizeit, schalten Sie den Firmen-Laptop aus.
- Setzen Sie sich einen klar definierten engen Zeitrahmen, in dem Sie private E-Mails checken (etwa 30 Minuten täglich sollten reichen).
- Gönnen Sie sich in Ihrer Freizeit Freiräume, in denen Sie sich nicht mit dem Smartphone beschäftigen. Lassen Sie es beim Sport zu Hause oder stellen Sie es auf Flugmodus. Beim Essen lassen Sie es im Nebenzimmer.
- Schalten Sie Ihr Smartphone in der Nacht in den Flugmodus.
- Nutzen Sie »Mails on Holiday«, damit Sie im Urlaub ungestört bleiben können. Immer mehr Unternehmen oder Behörden akzeptieren, dass Mails im Urlaub nicht gelesen werden sollten und in diesem Zeitraum sogar gelöscht werden, damit man nicht am Ende des Urlaubs erst Hunderte davon aufarbeiten muss. Ein Hinweis in der Abwesenheitsnotiz klärt dann auch darüber auf, ab wann die Anfrage oder Information erneut vom Sender gesendet werden kann, sodass sie der Empfänger tatsächlich bekommt.

1.5.3 Einmal täglich »Stille-Zeit«

Wenn Sie es geschafft haben, Ihre Mengenthemen etwas zu reduzieren und sich der »digitalen Diktatur« entziehen können, haben sie plötzlich wieder mehr Wahlfreiheit. Unabhängig davon, wie sie diese gewonnene Zeit dann mit wohltuender Regeneration verbringen, empfehle ich Ihnen, sich einmal am Tag auch eine »Stille-Zeit« zu gönnen. Gehen Sie alleine spazieren oder ruhen Sie an einem beschaulichen Ort in der Natur. Sie können auch das Sofa nehmen. Wichtig ist, dass Sie diese Zeit völlig störungsfrei verbringen. Beschäftigen Sie sich mit nichts – kein Radio, kein Fernsehen, kein Smartphone, keine Zeitung, kein Buch, aber auch kein Nickerchen.

Was ist die Wirkung dieser stillen Zeit?

Zunächst einmal sinken Ihr Puls und Blutdruck, Sie kommen allmählich zur Ruhe, werden zentrierter und geben sich die Gelegenheit, wieder »bei sich selbst anzukommen«. Diese Stille-Zeit hilft Ihnen also, aus einem zielgerichteten Modus und durch die Entschleunigung Ihrer Gedanken aus einem »Kopfkino« auszusteigen. Danach fühlen Sie sich mental wieder frisch. Sie geben aber Ihrem Gehirn darüber hinaus noch die Gelegenheit, Reize zu verarbeiten und Überflüssiges auszusortieren. In diesem »Tagträummodus« verknüpft Ihr Gehirn die gesammelten Eindrücke assoziativ miteinander, was wiederum Ihre Kreativität und Problemlösefähigkeit verbessern kann. Ein einseitiger Konzentrationsmodus, in dem Sie fokussiert über etwas nachdenken oder grübeln, kostet oft sehr viel Energie. Und nicht immer führt das zum gewünschten Ergebnis oder Output. Bevor Sie also in einem permanenten Konzentrationsmodus Kreativität oder Problemlösung erzwingen wollen, ist es wesentlich sinnvoller, öfters mal den Modus zu wechseln. Pausen und Stille-Zeiten fördern diesen kreativen Modus.[26]

1.5.4 Fremdbestimmung

Viele Menschen glauben, sich ihren Platz in der Welt erst durch Leistung verdienen zu müssen. Die Vorstellung, dass die Menschenwürde nicht nur unantastbar ist, wie es im deutschen Grundgesetz steht, sondern auch ein Wert an sich ist, scheint ihnen fremd zu sein. Philosophisch und humanistisch gesehen benötigt die Würde des Menschen keine Leistungsbestätigung, sie muss auch keine Bedingung erfüllen. Weil wir Menschen sind, haben wir ein Recht auf Würde, unabhängig von unserer Herkunft, Hautfarbe, Religion oder Leistung.

Auch wenn Sie es dennoch versuchen, Sie können unmöglich allen Anforderungen und Erwartungen der Arbeitswelt, Gesellschaft oder Ihres privaten Umfeldes permanent gerecht werden. Probieren Sie es trotzdem, laufen Sie Gefahr, zu Funktionsmaschinen im Dienste anderer zu mutieren. Im Fluss und damit gesund, lebensfroh und glücklich zu sein bedeutet hier nicht, im Mainstream zu schwimmen und damit ständig konform mit Gruppen oder Meinungen anderer zu leben. Es bedeutet, Ausgewogenheit zu finden zwischen den Erwartungen des Umfeldes und den eigenen Standpunkten oder Lebensvorstellungen.

Halten Sie einmal kurz inne:
- Welche Erwartungen ihres beruflichen oder privaten Umfeldes machen Ihnen Druck, belasten Sie und beeinflussen Ihre Lebensqualität?
- Welche Wertvorstellungen stehen hinter diesen Erwartungen?
- Wie gehen Sie bisher damit um?
- Wie wäre Ihr Leben, wenn es von diesen Erwartungen befreit wäre?

---

26 Vgl. u. a.: Raichle, Markus E.: »Im Kopf herrscht niemals Ruhe«, in: Spektrum der Wissenschaft, Juni 2010; Busch, Volker: »Unter strom und ständig online – Das Gehirn zwischen Reizflut und Multitasking«, Vortragsunterlagen 2015; https://www.drvolkerbusch.de/

1.5.5 Selbstbestimmung

Zur persönlichen Lebenskunst gehört auch eine bewusste und überlegte Lebensführung. Durch diese können Sie die Erwartungen der Umwelt mit Ihren Interessen und Bedürfnissen austarieren. Eine wohlwollende und fürsorgliche Beziehung zu Ihnen selbst, mit der Sie Ihre Bedürfnisse den Bedürfnissen der Umwelt gleichrangig gegenüberstellen, ist wichtig, um Erschöpfung, Selbstausbeutung und damit ein kontinuierliches Ausbrennen zu stoppen. Philosophen wie Platon und Sokrates haben hierfür den Begriff der Selbstfreundschaft und Selbstsorge geprägt. Für sie galt es sogar als tugendhafte Pflicht, erst aus einer gesunden Selbstsorge heraus, die Fürsorge für andere erwachsen zu lassen.

Das kennen wir aus dem Christentum auch: »Liebe deinen Nächsten, wie dich selbst.« Anders herum gesagt: »Liebe Dich selbst, sorge gut für Dich, dann kannst Du gut für andere sorgen und diese ebenfalls gut lieben.«

> ÜBUNG FÜR EIN SELBSTGESPRÄCH
>
> Im Folgenden möchte ich Sie einladen, im Sinne der »*Kunst des Gesprächs*« einen Dialog mit sich selbst zu führen.[27]
> Stellen Sie sich einmal vor, Sie betrachten Ihr Leben aus einer Vogelperspektive. Sie sehen sich selbst dabei zu, wie Sie Ihre Arbeit verrichten, wie Sie mit Ihrem Partner oder Ihrer Partnerin umgehen, wie Sie Ihr Familienleben gestalten, wie Sie Ihre Freizeit verbringen oder wie Sie ehrenamtlichen Aufgaben nachgehen. Sie schlüpfen also in die Perspektive eines Beobachters. Aus dieser freundschaftlich zugewandten Beobachterrolle richten Sie nun folgende Fragen an Ihr Gegenüber, also an sich selbst:
> - »Hey, wie wohl fühlst Du Dich gerade in Deinem Lebensabschnitt auf einer Skala zwischen 1 und 10?«
> - »Wie zufrieden bist Du mit Dir selber und mit dem, was Du bisher im Leben erreicht hast?«
> - »Wie gut kannst Du Dich dafür selber loben, wertschätzen und anerkennen?«
> - »Was bereitet Dir Freude und spendet Dir Energie oder was könnte sie Dir wiedergeben?«
> - »Wann und wie fängst Du an, diese wohltuenden Dinge (wieder mehr) zu pflegen?«

Die meisten Menschen, die diese Übung durchführen, sind erstaunt, welche Antworten sie für sich finden. Wenn es Ihnen nämlich gelingt, sich wieder mehr auf sich selbst zu besinnen und zentrierter zu sein, bekommen Sie Zugang zu wohlwollend »wissenden Seiten« in Ihnen. Es scheint, dass ein unbewusster oder wenig beachteter Teil von uns genau weiß, was uns gut tut, was wir brauchen oder was für uns stimmig ist.

---

[27] Vgl. Schmid, Wilhelm: »Mit sich selbst befreundet sein«, Frankfurt am Main: Suhrkamp Verlag, 2007, S. 33.

1.5 Sechs Entschleunigungsfaktoren zur Stärkung der Lebensfreude und Lebenskraft

Ein anderer Teil von uns – nennen wir ihn den fremd gesteuerten Teil – weiß das allerdings zu verhindern. Pflichtgefühle, das Streben nach Leistung oder Anerkennung und Schuldgefühle sind seine Antriebskräfte. In diesem Zusammenhang möchte ich auf das Über-Ich im Drei-Instanzen-Modell von Sigmund Freud hinweisen.[28]

Das Über-Ich ist eine Instanz in uns, die übernommene Glaubens- und Wertvorstellungen sowie soziale Normen unserer frühen Bezugssysteme wie Familie, Freunde oder Gesellschaft repräsentieren. Daraus resultieren Überzeugungen, moralische Denkmuster, Einstellungen und letztlich auch Verhaltensweisen. Diese Normen und Wertvorstellungen geben uns einerseits Orientierung, andererseits maßregeln sie uns aber wie eine Art innerer Richter. Falls die übernommenen Werte und Normen wohlwollend, gesundheitsfördernd und segensreich sind, ist dagegen nichts einzuwenden. Falls sie also unsere ureigene Sehnsucht nach einem selbstbestimmten Leben fördern, sind sie willkommen.

Häufig sind diese »Stimmen« aus dem bewertenden Über-Ich jedoch äußerst streng mit uns. Sie richten dann innere Botschaften an uns wie etwa: »Stell Dich nicht so an!«, »Du musst perfekt sein!«, »Du darfst dir keine Schwäche eingestehen!«, »Du bist an allem Schuld!«, »Mach es allen recht!« usw.

Derart streng können sie also einen entscheidenden Beitrag für die eigene Selbstausbeutung und Erschöpfung leisten. Das Problematische an diesen Botschaften ist nämlich der Alleinstellungsanspruch. Perfektionsdrang, Stärke zeigen, sich zusammenreißen können und es anderen recht zu machen, sind je nach Lebenssituation nützliche Eigenschaften und Fähigkeiten. Wenn die dahinter stehenden Botschaften allerdings allgemeingültig und nicht situativ gelten, werden diese einer wichtigen Selbstfürsorge nicht gerecht. Die innere Diktatur einseitiger Wertvorstellungen verwandelt unser Leben dann in ein permanent erschöpfendes und sich selbst ausbeutendes Dasein. Das Dilemma besteht nämlich darin, sich schuldig zu fühlen und sich selbst abzuwerten, wenn wir diesen Normen nicht gerecht werden. Auf diese Weise entwickeln sie sich zu inneren Antreibern, die uns das Leben schwer machen.

Um den Umgang mit diesen einseitigen Wertvorstellungen und Normen besser lernen zu können, möchte ich hier das sehr nützliche Werte- und Entwicklungsquadrat von Prof. Schulz von Thun vorstellen.[29] Schulz von Thun beschreibt darin, wie ein Wert oder eine Tugend immer einen komplementären Wert oder eine »*Schwestertugend*« benötigt, damit der vorhandene Wert nicht zum Unwert oder zur Diktatur wird. Bringen wir also Werte und ihren Komplementärwert in ein ausgewogenes Verhältnis, verhindern wir entwertende Übertreibungen und Verzerrungen. Folgende Beispiele sollen das veranschaulichen:

---

28 Freud, Sigmund: »Das Ich und das Es: Metapsychologische Schriften«, Frankfurt am Main: Fischer Taschenbuchverlag 1992.
29 Schulz von Thun, Friedemann: »Miteinander Reden 2«, Reinbek: Rowohlt Taschenbuchverlag GmbH, 1983, S. 38.

Sparsamkeit ist unbestritten ein nützlicher Wert, der komplementäre Wert ist die Großzügigkeit. Aus übertriebener Sparsamkeit kann sich der Unwert Geiz entfalten, wenn es situativ an angemessener Großzügigkeit fehlt. Großzügigkeit wiederum führt bei Übertreibung zu Verschwendung, wenn es situativ an sinnvoller Sparsamkeit mangelt.

Hilfsbereit zu sein, Verantwortung und Verpflichtung zu übernehmen sind wertvolle und unbestrittene Tugenden. Wenn jedoch die gesunde Selbstsorge als komplementärer Wert fehlt, weil man nur noch im Dienste der Pflicht oder für andere da ist, besteht die Gefahr der Selbstausbeutung und der totalen Erschöpfung.

Burn-out entsteht also, wenn Sie eine Wertehierarchie erschaffen, in der Sie die Werte Verantwortung, Pflichtgefühl und für andere da sein zu müssen völlig überhöhen und die regenerativen Werte des Lebens wie Erholung, Freizeitausgleich und Selbstfürsorge abwerten oder missachten.

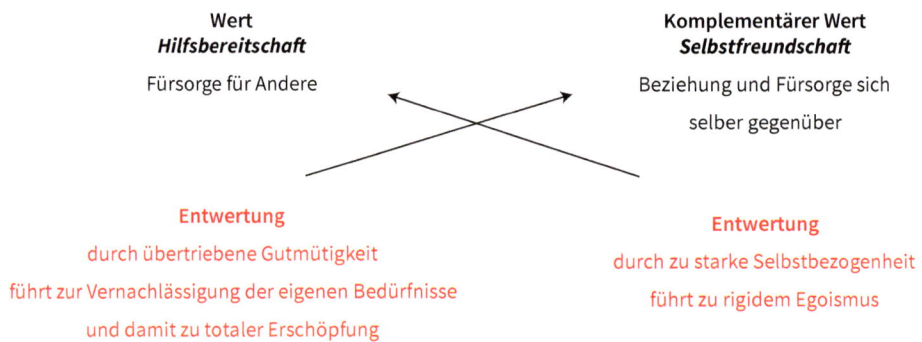

Abb. 6: Werte- und Entwicklungsquadrat nach Prof. Schulz von Thun am Beispiel Hilfsbereitschaft und Selbstfreundschaft

Um den Wert oder die »Tugend der Selbstfreundschaft« konkret zu pflegen, sammeln Sie also einmal Ihre Bedürfnisse und Wünsche, die für Sie ein gutes Leben ausmachen. Energie und Lebensfreude spendende Bedürfnisse können dabei sportliche Aktivitäten, Naturerlebnisse, Theater- und Kinobesuche sein, oder auch schöne Konzerte. Manchmal nährt auch ein zurückgezogen sein, Musik hören oder in Ruhe ein gutes Buch zu lesen.

Wenn Sie Bedürfnisse haben, die an Ihre Mitmenschen gerichtet sind, stellen Sie sich die Frage, inwieweit Sie diese Bedürfnisse auch klar kommunizieren. Es ist eine große Täuschung zu glauben, Ihre Mitmenschen würden Ihre Bedürfnisse und Wünsche schon von selbst erkennen und sie Ihnen von den Augen ablesen. Sie sind eindeutig selbst dafür verantwortlich, Ihre Bedürfnisse zu äußern.

Den bereits beschriebenen Dialog mit sich selbst können Sie nun um folgende Impulsfragen erweitern:

1.5 Sechs Entschleunigungsfaktoren zur Stärkung der Lebensfreude und Lebenskraft

IMPULSFRAGEN

- »Welche Vorstellungen von einem zufriedenen Leben hast Du (eigentlich)?«
- »Welche Menschen, welche Dinge kommen darin vor?«
  Etwas romantisch ausgedrückt: »Welches Leben möchtest Du also einladen, zu Dir zu kommen?«
- »Wenn man über Dein Leben ein Buch schreiben oder einen Film drehen würde, was wäre dann der Titel dieses Buches oder dieses Films?«

Meist wissen Menschen tief in sich drinnen, was sie für ein gutes Leben brauchen oder sich dafür wünschen. Für die antiken Philosophen war die Philosophie keine rein akademische Angelegenheit, sondern eine tägliche Übung in Lebenskunst. So verwundert es kaum, dass in zahlreichen Philosophien die Vorstellung vertreten wird, der Mensch habe einen inneren Ort, an dem er Zugang zu Wissen, Weisheit und Stärke findet.

Diesen inneren Ort können Sie durch Besinnung, meditative Versenkung oder durch imaginatives Üben entdecken. Die Frage ist nur, ob Sie sich selbst darin zu Wort kommen lassen wollen. Der urbayrische Kabarettist Karl Valentin hat das einmal süffisant auf den Punkt gebracht: *»Heut geh ich mich besuchen. Hoffentlich bin ich zuhause.«*[30]

EINE ÜBUNG ZUM INNEREN ORT

Ich lade Sie nun ein, sich selbst an einem schönen Ort zu besuchen. Setzen Sie sich bequem hin, schließen Sie die Augen und atmen Sie zunächst ein paar Mal tief durch. Tiefes Atmen hilft dabei, sich wieder zu zentrieren und ruhig zu werden.
Richten Sie zunächst Ihre Aufmerksamkeit auf Ihren Körper, spüren Sie die Füße auf dem Boden, die Sitzfläche unter Ihnen, die Hände auf Ihren Oberschenkeln und wie Ihr Atem in die Lungen strömt, um dann wieder hinauszufließen. Über diese Körperwahrnehmung richten Sie Ihre Aufmerksamkeit weiter nach innen und stellen sich einen Ort vor, der Ihnen besonders gut gefällt. Manchmal ist das ein Ort, welchen wir aus dem Urlaub kennen und uns in schöner Erinnerung geblieben ist, oder Plätze in der Heimat, die wir gerne aufsuchen. Manchmal schickt uns auch unser Unterbewusstsein innere Bilder von Orten, die unserer Fantasie entspringen. Lassen Sie es einfach zu.
Versuchen Sie nun diesen Ort oder Platz genauer zu betrachten. Wie sieht er aus? Gibt es dort Wiesen, Bäume, Wälder? Ist dort ein Fluss, ein See oder eine Hütte? Sind Sie am Meer oder in den Bergen? Oder vielleicht in einer Stadt mit schönen Häusern, Parks und Kanälen? Scheint die Sonne, gibt es Wolken? Stehen oder sitzen Sie?
Machen Sie es sich bequem und tauchen Sie in diese Landschaft ein.
Versuchen Sie nun zu spüren, wie warm oder kühl es an diesem Ort ist, ob ein Wind weht und nach was es dort duftet oder riecht. Hören Sie den Wind in den Zweigen, Wellen, Vögel oder andere Tiere? Spüren Sie die Sonne oder den Wind auf der Haut? Versuchen Sie sich also sinnlich mit diesem Ort zu verbinden.

---
30 Valentin, Karl: Aus Kalendersprüchen.

Stellen Sie sich nun vor, an diesem Ort gäbe es keine Erwartungen, keine Bewertungen, sondern nur wohlwollendes Dasein. Was empfinden Sie dann?
Welche Stimmung oder welches Grundgefühl erleben Sie an diesem befreiten Ort? Genießen Sie es, denn dies darf nun Ihr ganz persönlicher Kraftplatz sein. An diesem Ort können Sie jetzt einfach auftanken, sich zentrieren und ganz geschützt bei sich sein.
Um aus der Übung auszusteigen, richten Sie dann Ihre Aufmerksamkeit wieder in Ihren Körper, in die Füße, die Sitzfläche, den Rücken usw. Anschließend recken und strecken Sie sich und öffnen allmählich wieder Ihre Augen.

Diese Übung ist wunderbar geeignet, um aus dem Grübeln auszusteigen und sich wieder leicht zu fühlen. Darüber hinaus kann Ihnen dieser innere Ort auch als »Ratgeber« zur Seite stehen, an dem Sie Fragen an sich selbst richten, die Sie aktuell bewegen, oder wie ich sie auf Seite 35 und 39 angeboten habe. In unserer Kulturgeschichte haben Menschen schon immer besondere Plätze aufgesucht, um sich inspirieren zu lassen oder entscheidende Fragen zu klären. Das ist also im Grunde nichts Neues. Auch wenn der innere Ort in dieser Übungsform rein imaginativ aufgesucht wird, ist die lösungsorientierte und heilsame Kraft der Imaginationen schon lange bekannt und wirksam. Es scheint so zu sein, dass unser Unterbewusstsein vor allem auf der symbolisch-nonverbalen Bilderebene stimmige Botschaften für uns bereithalten kann.[31]

---

31 Vgl. u. a. Reddemann, Luise: »Imagination als heilsame Kraft«, Stuttgart: Klett-Cotta Verlag; Storch, Maja: »Embodiment im Zürcher Ressourcenmodell«, in: »Embodiment«, Bern: Hogrefe Verlag 2017

1.5 Sechs Entschleunigungsfaktoren zur Stärkung der Lebensfreude und Lebenskraft

Aus meiner persönlichen Erfahrung und der Erfahrung mit inzwischen Hunderten von Klienten kann ich bestätigen, dass der gute Kontakt zu sich selbst, das Erkennen der eigenen Bedürfnisse oder das Finden von Antworten auf entscheidende Fragen auf diese Art meist leichter geht, als in der sogenannten Alltagsaufmerksamkeit. Denn in der Alltagsaufmerksamkeit sind wir nämlich in den meisten Fällen durch die Fülle von Außenreizen oder Erwartungen von uns selbst abgelenkt.

Für viele KlientInnen hat dieser innere Ort auch die Qualität, einen inneren Frieden zu finden. Im Zustand des inneren Friedens erleben wir uns gelassen und auf eine bestimmte Weise sehr entspannt. Die Welt durch friedliche Augen zu sehen, hat viele Vorteile, nicht nur für einen selbst.

> *»Die Fähigkeit, im Frieden mit anderen Menschen*
> *und mit der Welt zu leben,*
> *hängt weitgehend von der Fähigkeit ab,*
> *im Frieden mit sich selbst zu sein.«*
> Thich Nhat Hanh[32]

1.5.6 Metazufriedenheit

Wir sind oft Meister darin, zu beschreiben, was uns nicht passt, kritisieren hier und da und beschreiben hervorragend, was nicht gut läuft. Unabhängig davon, dass es im Leben immer wieder Anlässe zur Kritik gibt, löst ein permanentes Werten und Kritisieren aber auch entsprechend belastende und negative Emotionen in uns aus. Um nach diesen negativen Emotionen wieder ins Lot zu kommen, ist es sehr hilfreich, eine Metaperspektive einzunehmen. Das bedeutet, aus einer Vogelperspektive – also mit einer anderen Übersicht und einem geweiteten Blick – auf ein Thema oder ein Ereignis zu schauen.

Betrachten Sie also am Ende des Tages einmal in Ruhe die Dinge, die auch gut gelaufen sind.

Richten Sie dabei Ihre Aufmerksamkeit auf Positives, denn es ist nicht immer alles nur schlecht. Oft sind es Kleinigkeiten, die beispielsweise in der Arbeit gelungen sind, aber über die man in der operativen Hektik einfach hinwegsieht. Vielleicht konnten Sie einen Menschen zum Lachen bringen oder hatten gute Gespräche mit Ihren KollegInnen. Vielleicht haben Sie jemanden sogar inspiriert. Vielleicht sind Sie gut durch den Straßenverkehr gekommen, wo sonst nervige Staus lauern, oder Sie haben eine interessante Begegnung gehabt.

Um den inneren Zustand der Zufriedenheit zu aktivieren, hilft Ihnen neben dem Blick fürs Positive auch ein Empfinden von Dankbarkeit, vor allem gegenüber Kleinigkeiten. Vielleicht hat Ihnen

---

32 Hanh, Thich Nhat »Buddhistische Weisheiten«, Glogowski, Dieter (Hg.), München: Frederking & Thaler Verlag 2016

heute jemand etwas Nettes gesagt, Sie in der Arbeit unterstützt oder Sie aufgemuntert. Vielleicht haben Sie einen Vogel schön singen gehört oder eine Wiese im sommerlichen Licht leuchten gesehen. Vielleicht hat Ihr Kind heute selig gelächelt oder eine neue Entdeckung gemacht. Vielleicht ist der Platz, an dem Sie leben, ein wirklich guter Platz. Es gibt so viele Kleinigkeiten, die das Leben schön und lebenswert machen, die uns aber in der täglichen Hetze nicht mehr bewusst sind.

Diese Metaperspektive können Sie natürlich auch für einen längeren Zeitraum einnehmen. Was ist in den letzten Monaten oder Jahren alles gut gelaufen? Auf welche Leistungen können Sie in Summe in ihrem Leben stolz sein und welche Erfolge, auch die Kleinen, können Sie vorweisen? Gerade Menschen mit entsprechender Berufserfahrung sind oft erstaunt, was sie bei dieser längerfristigen Rückschau schon alles erfolgreich bilanzieren können. Genießen Sie diesen Erfolg und erlauben Sie sich, Stolz darauf zu sein.

Das Gleiche gilt für die Dankbarkeit. Wem und was gegenüber können Sie dankbar für die letzten Monate oder Jahre sein? Welchen Personen oder welchen Situationen gegenüber können Sie Dankbarkeit empfinden?

> *»Dankbare Menschen sind wie fruchtbare Felder.*
> *Sie geben das Empfangene zehnfach zurück.«*
> August von Kotzebue[33]

1.6 Perspektiven auf das Glück

Der ungezügelte »Turbo-Kapitalismus« unserer Zeit ebnet unsere traditionellen, sozialen und emotionalen Werte ein, in dem er alles einem einzigen Wert beimisst: dem Geld.[34]

Schon der damalige amerikanische Präsident Jimmy Carter hat am 15.07.1979 in seiner berühmten Fernsehansprache seine Landsleute zur Mäßigung aufgerufen und erklärt, dass ausschließlich materielles Denken und materieller Besitz das Bedürfnis des Menschen nach Sinnstiftung nicht befriedigt. Der aktuell amtierende Papst Franziskus beschreibt den durch ungezügelten Wettbewerb entstehenden *»Lebenskampf«* als etwas unser Seelenleben in einen *»inneren Marktplatz«* Verwandelndes, das den religiösen Sinn des Menschen zersetze und ihn zur moralischen und spirituellen Armut verurteile.[35]

---

33 Aus: Kotzebue, August von: »Lohn der Wahrheit. Schauspiel in 5 Akten«.
34 Precht, Richard David: »Jäger, Hirten, Kritiker«, München: Goldmann Verlag, 2018, S. 95.
35 Papst Franziskus zitiert in Assheuer, Thomas: »Der Hochverräter«, in: DIE ZEIT, Nr. 11/2018, S. 54.

1.6 Perspektiven auf das Glück

Der Mensch lebt eben nicht vom Brot allein. Solange wir aber unsere Lebensqualität und unser Lebensglück ausschließlich mit Konsum und Wettbewerb verbinden, werden wir kein wahres Glück erleben. Geld macht nur bis zu einem gewissen Punkt glücklich – nämlich was materielle Bedürfnisse betrifft sorgenfrei leben zu können. Untersuchungen zeigen jedoch, dass sich zusätzliches Geld nicht langfristig auf die Zufriedenheit oder das Glück auswirkt, denn der durch mehr Geld entstehende Mehrkonsum wird schnell zur Routine und stumpft sich ab.[36]

Was jedoch neben der materiellen Sorgenfreiheit wesentlich zum Glück beiträgt, ist seit den Tagen der Antike wohlbekannt: Achtsamkeit, Selbstwirksamkeit, Vertrauen, soziale Fürsorge, ein positives Umfeld, sich auch an kleinen Dingen erfreuen zu können und Gelassenheit.[37]

Die Zunahme an Prozenten im Bruttoinlandsprodukt (BIP) sagt deswegen überhaupt nichts über das Wohlergehen und Glück seiner Bevölkerung aus, ob wohl dieser Index seit Langem als Maß für den Wohlstand einer Nation verwendet wird. Aus diesem Grund gibt es, Gott sei Dank, den World Happiness Report der Vereinten Nationen, an dem 156 Länder teilnehmen und der eine viel schlüssigere Aussage über das Wohlbefinden und Glück seiner Bevölkerung treffen kann.

Während Deutschland 2019 auf Platz 17 abgerutscht ist, haben die Finnen 2019 zum zweiten Mal den ersten Platz belegt. Was macht die Finnen glücklicher, wie den Rest der Welt? Wer dieser Frage nachgeht, entdeckt dabei, dass die Finnen nicht nur stolz auf dieses Ergebnis sind, sondern auch eine Initiative ergriffen haben, bei der sich ganz normale Bürgerinnen und Bürger zu »Happiness Guides« bewerben konnten. Interessant ist, dass alle diese Guides den Schwerpunkt ihres Vorgehens mit »raus aus der Stadt« beschreiben, denn Natur ist für sie in erster Linie Stille. Die Stille in der Natur hilft dabei, wieder ins Lot zu kommen.

Doch die Finnen sammeln auch Glückssätze, die sie mental stimulieren und von denen ich hier gerne beispielhaft einige vorstellen möchte.[38] Sie helfen dabei, den Tag und das Leben mental positiv zu beeinflussen. Lassen Sie sich also einfach etwas inspirieren.

> »Glück ist nicht in einem ewig lachenden Himmel zu suchen,
> sondern in ganz feinen Kleinigkeiten zu finden,
> aus denen wir unser Leben zurechtzimmern.«
> Carmen Sylva

---

36 Harari, Yuval Noah: »Eine kurze Geschichte der Menschheit«, München: Pantheon Verlag, 2015, S. 465.
37 Precht, Richard David: »Jäger, Hirten, Kritiker«, München: Goldmann Verlag, 2018, S. 152.
38 http://zitate.net/glück-zitate

> »Glück ist kein Geschenk der Götter,
> sondern die Frucht innerer Einstellung.«
> Erich Fromm

> »Das Vergleichen ist das Ende des Glücks
> und der Anfang der Unzufriedenheit.«
> Soren Kierkegaard

> »Die Genusssucht frisst alles, am liebsten aber das Glück.«
> Marie von Ebner-Eschenbach

> »Das Geheimnis des Glücks liegt nicht im Besitz,
> sondern im Geben.
> Wer andere glücklich macht, wird glücklich.«
> Andre Gide

> »Nicht die Glücklichen sind dankbar.
> Es sind die Dankbaren, die glücklich sind.«
> Francis Bacon

FAZIT

Ruhe und Muße sollten nicht den negativen Beigeschmack von Unzulänglichkeit und Faulheit tragen, den wir ihnen in unserer ruhelosen und gehetzten Industriegesellschaft häufig zuschreiben. Sie stellen eigene Werte dar und dürfen in den Vorstellungen der heutigen Zeit wieder den Rang bekommen, der ihnen zusteht. Wer ruhig ist, kann besonnen reagieren, wer Müßiggang betreibt, findet Ausgleich zum Stress, sowie eine Quelle der Kraft und Inspiration.

Durchatmen und entschleunigen hilft Ihnen also, wieder mehr Distanz zu belastenden Ereignissen zu gewinnen, sowie Übersicht und Weitblick im Leben zu finden. Dieser Weitblick kann Sie dann darin unterstützen, das Leben wieder klarer zu sehen und besser durchzublicken. Und der richtige Durchblick ermöglicht Ihnen wiederum ein erfolgreiches Ausrichten und Durchstarten in ein zufriedenes, glückliches Leben.

1.7 Analyse Ihrer Lebensbereiche: Arbeitsblätter Entschleunigung für mehr Lebensfreude

Im Folgenden können Sie Ihre verschiedenen Lebensbereiche genauer analysieren, um für sich Handlungsbedarf für weniger Stress und mehr Lebensfreude zu definieren.

Diese Lebensbereiche sind:
- **Beruf**
- **Partnerschaft und oder Familie**
- **Freizeitaktivitäten**
- **Lebenssteuerung**

1 Balance your life – durch Entschleunigung mehr Lebensfreude gewinnen

Arbeitsblätter Entschleunigung für mehr Lebensfreude

Beruf	Trifft voll zu	Trifft etwas zu	Trifft nicht zu	Handlungsbedarf
In meinem Job bin ich absolut am richtigen Platz und kann mein Potenzial entfalten. Ich erlebe meine Arbeit als erfüllend.				
Meine Arbeit ist in den letzten Jahren immer mehr geworden und die Belastungsgrenze ist erreicht.				
Meine Aufgaben sind immer komplexer geworden und ich benötige mehr Zeit, mich einzuarbeiten, um die Themen sorgfältig bearbeiten zu können.				
Konflikte mit KollegInnen oder meinem Chef machen mir das Leben schwer.				
Ich erlebe die Situation am Arbeitsplatz aussichtslos und überlege schon länger, den Bereich zu wechseln oder mich auf eine andere Stelle zu bewerben.				

Tabelle 1: Kurze Analyse des beruflichen Lebensbereichs

Partnerschaft und Familie	Trifft voll zu	Trifft etwas zu	Trifft nicht zu	Handlungsbedarf
Unsere Partnerschaft läuft toll und in der Familie ist alles im Fluss.				
In unserer Partnerschaft/Familie gibt es Spannungen oder ungelöste Konflikte, die mich oder uns sehr belasten.				
Die Kinder sind gerade in einer anstrengenden Phase, die mich belasten und Schlafstörungen verursachen.				
Ich fühle mich verpflichtet, mich regelmäßig um meine Pflege bedürftigen Verwandten zu kümmern, was mir viel Kraft kostet.				

Tabelle 2: Kurze Analyse von Partnerschaft und Familie

1.7 Analyse Ihrer Lebensbereiche: Arbeitsblätter Entschleunigung für mehr Lebensfreude

Freizeitgestaltung	Trifft voll zu	Trifft etwas zu	Trifft nicht zu	Handlungsbedarf
Meine Freizeit ist eine wunderbare Regenerationsquelle.				
In meiner Freizeit pflege ich regelmäßig soziale Kontakte, die mir gut tun.				
Meine Freizeit ist voll durchgetaktet.				
In meiner Freizeit treibe ich Leistungssport, der mich sehr fordert.				
In meiner Freizeit bin ich ehrenamtlich viel unterwegs.				
In meiner Freizeit bin ich ständig erreichbar und online.				

Tabelle 3: Kurze Analyse der Freizeitgestaltung

Lebenssteuerung	Trifft voll zu	Trifft etwas zu	Trifft nicht zu	Handlungsbedarf
Meine zentralen Bedürfnisse für mein Leben sind mir bewusst. Ich versuche danach zu leben, denn sie machen mein Leben lebenswert.				
Ich achte darauf, mich regelmäßig durch Bewegung und Sport fit und gesund zu halten.				
Ich achte auf eine regelmäßige und bewusste Ernährung.				
Ich beschäftige mich mit Dingen oder Themen, die mir einen Ausgleich ermöglichen und mich inspirieren.				
Ich achte darauf, mich regelmäßig zu entspannen und pflege ganz bewusst »Inseln« der Ruhe und Muße. (z. B. eine »Stille-Zeit« am Tag)				

Tabelle 4: Kurze Analyse der Lebenssteuerung

2 Balance your work – durch Entschleunigung wirksamere Leistung bringen

»In der Ruhe liegt die Kraft.« Kennen Sie dieses alte Sprichwort? Haben Sie auch das Gefühl, Ihre Arbeit nicht mehr mit der nötigen Zeit und Ruhe bewältigen zu können? Doch von welcher Kraft ist eigentlich die Rede, die »in der Ruhe liegen kann«? Wenn es also eine Kraft in Ihnen gäbe, die aus Ruhe schöpft, was wäre das für eine Kraft?

In welchen Situationen ist diese Kraft für Sie erlebbar? Viele Menschen erleben so eine Kraft, wenn sie ihre Arbeit konzentriert, ohne Ablenkung oder Verzettelung, in Ruhe und frei von Hektik erledigen können. Reizflut und Stresserleben sind deutlich reduziert. Man taucht, wie im vorherigen Kapitel über Flow beschrieben, ganz in die Aufgabe und Tätigkeit ein. Dabei ist das dominierende Gefühl die Handhabbarkeit der Situation, Selbstwirksamkeitserleben und Zufriedenheit. Im Grunde genommen ein Idealzustand: Menschen haben das Gefühl am richtigen Platz zu sein, sie machen Ihre Arbeit gerne und gut, ihre Fehlerrate ist verschwindend gering, ihre Produktivität und ihre Effizienz sind hoch. Da das in den meisten von mir beobachteten Fällen leider nicht der Normalzustand ist, möchte ich im Folgenden die Möglichkeiten beschreiben, diesen Zustand herstellen zu können.

2 Balance your work – durch Entschleunigung wirksamere Leistung bringen

2.1 Ohne Priorisierung keine Effektivität

In einer Welt steigender Anforderungen und permanenter Ablenkungen helfen uns Strukturen und Priorisierungen dabei, unsere anstehenden Aufgaben in Ruhe, konzentriert und »mit Kraft« zu erledigen. In einem zu hohen Arbeitstempo laufen wir nämlich Gefahr, die Übersicht zu verlieren und ins Schleudern zu kommen. Dabei werden wir unkonzentrierter und anfälliger für Fehler. Versuchen Sie also zunächst einen Weitblick einzunehmen, und ein Gesamtbild Ihres Arbeitsjahres zu entwickeln:

- Welche Themen, Aufgaben oder Projekte stehen im Jahr X an?
- Welche Ziele ergeben sich daraus für Ihre Abteilung und für Sie persönlich?
- Welche Aufgaben kommen dann in welchen Quartalen vermehrt vor?

Mit so einem Jahreszielplan oder einer »Road Map« fällt es in vielen Branchen leichter, die Monate und die Wochen vorausplanen zu können. Die folgende Grafik kann dazu einen ersten Eindruck vermitteln.

Themen aus Jahresziel 1				
Themen aus Jahresziel 2				
Themen aus Jahresziel 3				
Themen aus Jahresziel 4				
Themen aus Jahresziel 5				
Zeitleiste	1. Quartal	2. Quartal	3. Quartal	4. Quartal

Abb. 7: Navigationsbild für die persönliche Jahressteuerung von Pit Rohwedder

Erarbeiten Sie dann in einem folgenden Schritt die daraus abzuleitenden Monats- und Wochenziele. Priorisieren Sie abschließend die entsprechenden Aufgaben, sodass diese sich an bestimmten Wochentagen zu definierten Tageszeiten wiederfinden. Planen Sie Pausen mit ein.

Ich habe damit persönlich sehr gute Erfahrungen gemacht, die auch durch Hunderte berufliche Beratungen bestätigt wurden. Wie in der folgenden Grafik kann so ein Wochenarbeitsplan beispielsweise aussehen.

Ziele: z.B.: Fertigstellung Aufgabe X und Y, Kundengespräche 1-3 vorbereiten, am Projekt A bis Punkt B weitergearbeitet, Teamgespräche geführt, Betriebsrat informiert, etc.					
Themen/ Aufgaben	Montag	Dienstag	Mittwoch	Donnerstag	Freitag
Vormittags Mails bearbeiten Aufgabe 1 Kleine Obstpause Aufgabe 2 Störungsfreie Zeit	08.00 – 09.00 09.00 –10.00 10.10 – 11.15 11.15 – 12.00				
Nachmittags Mails bearbeiten Termine Kaffeepause Störungsfreie Zeit Abschluss der Tagesziele	13.00 – 14.00 14.00 – 15.30 15.45 – 16.45 16.45 – 17.00				

Abb. 8: Beispiel einer Wochenplanung von Pit Rohwedder

Ergänzend können bei solchen Priorisierungen noch die üblichen Tipps des Zeitmanagements herangezogen werden, die in einschlägiger Literatur oder im Internet zu finden sind.

Für neue MitarbeiterInnen haben systematische Einarbeitungspläne und Einarbeitungszeiten grundlegende Bedeutung, um effektiv ihre neuen Tätigkeiten angehen zu können. Sollten diese fehlen, werden MitarbeiterInnen ins kalte Wasser geworfen, was in vielen Fällen Ineffektivität, Fehler und Frust produziert.

2.2 Überforderung durch unkontrollierten Mengenzuwachs

Sollten Sie allerdings in einer Organisation tätig sein, die sich schon in einer typischen Beschleunigungsfalle befindet, hilft Ihnen eine Strukturierung Ihrer Aufgaben allein nicht mehr weiter. Die durch die Überbeschleunigung entstandene Fülle und typische Mengenüberforderung zwingt Sie letztlich dazu, sich konsequent abzugrenzen und mit Ihrem Arbeitgeber in einen konstruktiven Dialog zu gehen. Warum?

Nachdem Ihr Tag vermutlich 8 Stunden hat und Sie aber beispielsweise Arbeit für 12 Stunden hätten, müssen Sie also zwangsläufig Themen reduzieren, um sich nicht völlig zu verausgaben. Die Verausgabung und Überanstrengung von MitarbeiterInnen widerspricht der Fürsorgepflicht von Arbeitgebern (z. B. § 62 HGB). Diese Fürsorgepflicht besagt u. a. »*Insbesondere hat der Arbeitgeber die/den Arbeitnehmer/-in vor Überanstrengung zu bewahren, er darf daher keine unangemessene Arbeitsleistung fordern oder wissentlich entgegennehmen.*«[39]

Die Fürsorgepflichten gegenüber MitarbeiterInnen sollen also vor Überanstrengung bewahren und den Erhalt der Arbeitskraft sicherstellen. Nach meiner jahrelangen Erfahrung in betrieblichen Coachings wird das im Zeitalter einer Überbeschleunigung häufig übersehen. Wenn Sie also von überforderndem Mengenzuwachs betroffen sind, können Sie dieses Argument für eine wirksame Abgrenzung bei gleichzeitig konstruktiver Lösungssuche nutzen. Die Botschaft gegenüber dem Arbeitgeber kann dabei beispielsweise sein:

»*Ich mache meine Arbeit hier sehr gerne und ich möchte mich auch die nächsten Jahre weiterhin voll engagiert einbringen. Aber das eingeforderte Mengenmaß übersteigt ganz klar die Zumutbarkeit innerhalb eines Acht-Stunden-Tages. (Der aktuelle Krankenstand legt ja bereits ein besorgniserregendes Zeugnis davon ab.)*«

Nach meiner Erfahrung ist es für eine konstruktive Diskussion mit Ihrem Arbeitgeber dann sehr nützlich, wenn Sie einen ersten Vorschlag zur Priorisierung und Reduzierung erarbeiten. Fakt ist: Sie haben nur 8 Stunden und eben keine 12 Stunden. Rein mathematisch betrachtet bedingt das also schon eine Mengenreduzierung. Häufig hilft aber auch ein Blick auf die Arbeitsabläufe und Prozesse in der Organisation, weil darin in den meisten Fällen ein verborgenes Potenzial steckt, das die Arbeits- oder Durchlaufzeiten reduzieren kann. So kann zunächst »Platz«, also Zeit, für einen Mengenzuwachs geschaffen werden. Ich komme im nächsten Kapitel ausführlicher darauf zurück.

2.3 Das Problem der Ablenkung

Ist Ihr Arbeitsalltag auch so geprägt, dass Sie viel zu oft von den Kernaufgaben abgelenkt werden? Liegt das bei Ihnen auch an der Fülle von E-Mails, Telefonaten, spontanem Publikumsverkehr oder »Trouble Shooting« im Tagesgeschäft usw.?

Wir neigen bei Ablenkungen dann dazu, in einen »Multitaskingmodus« zu gehen, um der ganzen Aufgabenfülle vor allem unter Zeitdruck gerecht zu werden. Doch Multitasking im Sinne

---

[39] https://verdi-bub.de/wissen/praxistipps/fuersorgepflicht-im-arbeitsverhaeltnis

2.3 Das Problem der Ablenkung

von echtem parallelem Arbeiten gelingt nur bei Tätigkeiten mit unterschiedlichem Anspruch. Sie können beispielsweise sprechen und sich gleichzeitig die Schuhe binden. Sie können Auto fahren und dabei einer Reportage im Radio zuhören oder sich unterhalten. Sie vermögen aber nicht parallel zwei kognitiv gleich beanspruchende Tätigkeiten auszuführen. Falls dies unsere Situation aber erfordert, schalten wir in unserer Aufmerksamkeit um. Dieses Wechseln der Aufmerksamkeit geht aber dann zulasten der Konzentration. Untersuchungen haben gezeigt, dass wir bis zu 5 Minuten nach einer Ablenkung oder Störung benötigen, bis wir wieder zu 100 % konzentriert bei der eigentlichen Sache sind. Aufgabenabschlüsse benötigen dadurch um 30 % mehr Zeit und ziehen eine 20 % höhere Fehleranfälligkeit nach sich.[40]

Aber auch die Betroffenen haben am Ende des Tages häufig das Gefühl, nicht wirklich etwas weggearbeitet zu haben, was neben der Hektik auch noch Unzufriedenheit nach sich zieht.

Tipps für das Reduzieren permanenter Ablenkungen:
- Mails beantworten Sie nach Schwerpunkten und Wiedervorlagen zu fest definierten Tageszeiten (und eben nicht die ganze Zeit nebenher).
- Geistig anspruchsvolle Tätigkeiten erledigen Sie am wirkungsvollsten, wenn Sie Ihre beste Konzentration abrufen können – für viele Menschen ist das eine Zeitspanne am Vormittag und am Nachmittag. Da das individuell oft sehr unterschiedlich ist, muss es selbst herausgefunden und kann daher nicht ganz verallgemeinert werden.
- Versuchen Sie Ablenkungen und »Störungen« durch Anrufe, spontanem Publikumsverkehr, Fragen von KollegInnen oder Mitarbeiterwünschen usw. so zu steuern, dass Sie selbst den Zeitpunkt des Gesprächs, der Beantwortung einer kurzen Frage usw. bestimmen. Sie überlassen es also nach Möglichkeit nicht der Situation, sondern nehmen so weit eben möglich Einfluss darauf. *»Bitte rufen Sie um … noch einmal an«, »Ich rufe Sie dann … zurück«, »Bitte kommen Sie in X Minuten wieder«* usw.
  Wenn das bei Ihrem Job schwer möglich ist, versuchen Sie störungsfreie Zeiten mit Ihren KollegInnen bzw. Ihrem Team zu vereinbaren, an denen Sie in Ruhe Zeit haben, Ihre Kernaufgaben zu bearbeiten. Diese vereinbarte Zeit kann im offiziellen Sprachgebrauch als »Goldene Zeit« oder »Effizienzzeit« benannt werden und so positiv besetzt werden.
- Führungskräfte haben zwar gerne eine »offene Tür«, es ist zur effizienten Erledigung der Aufgaben aber oft hilfreicher, die »offene Tür« zeitlich zu begrenzen. Vereinbaren Sie also zur »offenen Tür« offizielle »Sprechstunden«.
- Wenn Sie Arbeit mit nach Hause nehmen, definieren Sie für sich eine klare Zeitvorgabe, um auch den entsprechenden Feierabend zu haben.

---

40 Busch, Volker: »Unter Strom und ständig online – Das Gehirn zwischen Reizflut und Multitasking«, Vortragsunterlagen Regensburg 2015, www.drvolkerbusch.de/

2.4 Mit Achtsamkeit mehr Wirkung erzeugen

Das Thema Achtsamkeit hat mittlerweile den Weg in viele Organisationen gefunden und zählt derzeit zu den Trendthemen im Management. Gründer der Achtsamkeitsbewegung war bereits in den 1970er Jahren der US Medizinprofessor Jon Kabat Zin. Er entwickelte das international bekannte »Mindfulness-Based Stress Reduction Programm«, kurz MBSR, was übersetzt »Stressreduktion durch Achtsamkeit« bedeutet. Zwei Fähigkeiten machen dabei einen achtsamen Geist aus: Fokus und Bewusstsein. Dabei geht es letztlich um die Fähigkeit, sich auf das Unmittelbare zu konzentrieren, Ablenkungen zu erkennen und sich von diesen zu lösen. Inzwischen belegen zahlreiche wissenschaftliche Studien die Verbesserung der Konzentration und der Effektivität, die Senkung der Fehlerquoten sowie die Steigerung der Kreativität und Problemlösefähigkeit durch Achtsamkeitsübungen. Sogar das Emotionsmanagement wird verbessert – man ist einfach gelassener.[41] Vorreiter in der konkreten Einführung solcher Themen ist in Deutschland u. a. SAP, die ein von Google entwickeltes Achtsamkeitsprogramm übernommen haben.[42]

Aber auch bei BASF finden diese Methoden Einzug in die Gesundheitsprogramme und sollen die innere Ruhe, die Fokussierung auf das Wesentliche und die Senkung des Stresslevels fördern. Ein ganz praktisches Beispiel zeigt noch das Berliner Immanuel Krankenhaus, wo der amtierende Chefarzt Professor Andreas Michalsen vor den regelmäßigen Meetings kurze Schweige- und Meditationseinheiten zur Verbesserung der Achtsamkeit eingeführt hat.[43]

> »Achtsamkeit verbessert die Spitzenleistung.
> Überall wo Spitzenleistungen erbracht werden,
> sei es von … Unternehmenschefs, Künstlern, Musikern oder Spitzensportlern,
> herausragenden Lehrern oder Handwerkern, sind achtsame Menschen am Werk.
> Nur wer im Moment ist, kann so weit kommen.«
> Prof. Ellen Langer[44]

2.5 Die Pausen machen den Unterschied

Die meisten Arbeitgeber vereinbaren tarifliche Pausen und kommen so einer Fürsorgepflicht nach. Entscheidend ist jedoch, ob und wie diese Pausen zur Erholung und Regeneration auch genutzt werden. Viele Führungskräfte oder MitarbeiterInnen im Büro ergreifen nämlich aus

---

41 Langer, Ellen: »5 Perspektiven«, in: Harvard Business Manager, Januar 2017, S. 30–32.
42 Tan, Chede-Mang: »Durchatmen«, in: Harvard Business Manager, Januar 2017, S. 35.
43 Borgest, Bernhard: »Im Krankenhaus der guten Laune«, Focus Spezial »Fit und Gesund« 2017/2018, S. 39.
44 Langer, Ellen: »Das Leben besteht aus Augenblicken«, in: Harvard Business Manager, April 2014, S. 36–37.

einem operativen Druck heraus nicht die Chance, in ihren Mittagspausen neue Energie zu tanken, sondern essen eine oft mitgebrachte Mahlzeit während ihrer Tätigkeit. Damit wird zwar das Gefühl befriedigt, die anstehende Arbeitsmenge überhaupt erst bewältigen zu können, meistens sinkt aber durch fehlende Regeneration das Leistungsniveau.

Dabei gibt uns mittlerweile die Hirnforschung genügend Hinweise darauf, wie wichtig das assoziative Denken nicht nur zur geistigen Regeneration, sondern auch für eine bessere Problemlösefähigkeit ist. In Ruhe kann das Gehirn Eindrücke und Informationen nachhallen lassen und in der Folge besser miteinander verknüpfen (= Assoziativität).[45]

Assoziativität fördert Kreativität und kann somit wertvolle Beiträge zur aktuellen Problemlösung beisteuern. Voraussetzung dafür ist aber, sich Pausen auch wirklich zu gönnen.

Pausen sorgen also für die notwendige Erholung, stärken aber auch assoziatives Denken und fördern damit wiederum die Problemlösefähigkeit und die Innovationskraft! Sehen Sie, es gibt also keinen vernünftigen Grund mehr, auf Ihre Pausen zu verzichten.

Tipps für die richtigen Arbeitspausen:
Warten Sie nicht mit den Pausen, bis Sie erschöpft sind, sondern legen Sie öfters kurze Minipausen ein – spätestens alle zwei Stunden für einen kurzen Stopp, ca. 5 Minuten. Fixe Rituale helfen bei diesen Minipausen. Zum Beispiel eine Obstpause am Vormittag oder ein paar kurze Tee-/Kaffeepausen über den Tag. Atmen Sie in diesen Minipausen tiefer, am besten in Verbindung mit frischer Luft am Fenster.

Nutzen Sie regelmäßig Ihre Mittagspause als »Maxipause«, um nach dem Essen noch 15–30 Minuten in einem Park oder in Natur naher Landschaft spazieren zu gehen. Lassen Sie sich dabei von Goethes Gedicht »Gefunden« leiten:

»Ich ging im Walde so für mich hin, um nichts zu suchen, das war mein Sinn.«

Ihr Gehirn, Ihr Wohlbefinden und ihre Leistungsfähigkeit werden es Ihnen danken!

---

45 Busch, Volker: Vortragsunterlagen im Seminar »Gehirngerechtes Arbeiten«, Veranstaltung von SchmidtColleg, 2017. Busch, Volker: »Unter Strom und ständig online – Das Gehirn zwischen Reizflut und Multitasking«, https://www.drvolkerbusch.de/

FAZIT

Eine langfristige und optimale Nutzung Ihrer beruflichen Schaffenskraft benötigt also folgende Voraussetzungen:
- Sie sind mit Ihren Fähigkeiten am richtigen Platz.
- Sie sind systematisch in alles Neue eingearbeitet.
- Sie können sich selber gut organisieren, situativ sinnvoll priorisieren und verfügen über ein gutes Zeitmanagement.
- Sie können Ihre Ablenkungen auf ein Mindestmaß reduzieren.
- Sie nutzen intelligente Pausen und Achtsamkeitstechniken.

2.6 Analyse Ihres beruflichen Alltags: Arbeitsblatt Entschleunigung im beruflichen Alltag

Das folgende Arbeitsblatt können Sie nun für verschiedene Möglichkeiten zur Entschleunigung nutzen. Dabei werden folgende Schlüsselaspekte berücksichtigt:
- Einstimmung in den Tag
- Priorisierung und Fokussierung
- Pausen
- E-Mail-Management
- Positiver Tagesabschluss

2.6 Analyse Ihres beruflichen Alltags: Arbeitsblatt Entschleunigung im beruflichen Alltag

Arbeitsblatt Entschleunigung im beruflichen Alltag

Entschleunigung im beruflichen Alltag	Trifft voll zu	Trifft etwas zu	Trifft nicht zu	Handlungsbedarf
Ich beginne den Tag auf dem Weg zur Arbeit mit Musik, die mich positiv einstimmt.				
Ich beginne die Arbeit dann zuerst mit einer Priorisierung der wichtigsten Aufgaben.				
Ich schaffe mir täglich Zeiträume, in denen ich völlig ungestört arbeiten kann. Diese »Goldene Stunde« ist zur festen »Effizienzzeit« geworden.				
In Besprechungen achte ich darauf, dass wir einander aufmerksam zuhören und uns nicht von Smartphones, Laptops oder Sonstigem ablenken lassen.				
Ich nutze zahlreiche kleine Minipausen, die mich als kurze Regenerationsstopps mental wieder erfrischen.				
Meine Mittagspausen nutze ich zur Erholung und zum Abschalten.				
Für ein besseres E-Mail-Management blocke ich Zeitfenster zur Abarbeitung.				
Für ein besseres E-Mail-Management nutze ich die »1-Klick-Regel«: Anklicken, direkte Bearbeitung, weiterleiten, in Ordner verschieben, auf Wiedervorlage setzen, archivieren oder löschen.				
Für ein besseres E-Mail-Management nutze ich vorgefertigte Textbausteine, die mir das Antworten schneller ermöglichen.				
Ich beschließe den Arbeitstag, indem ich mir gelungene und erfolgreiche Dinge bewusst mache.				
Auf dem Heimweg höre ich wieder stimulierende Musik, die mich den Arbeitstag auch mental abschließen lässt.				

Tabelle 5: Entschleunigung im beruflichen Alltag

3 Balance your company

3.1 Beschleunigungsfallen in der Organisation

Ich hoffe, dass Ihnen meine bisherigen Anregungen für Ihr privates und berufliches Alltagsleben eine Hilfe darin waren, wieder mehr durchzuatmen und im Sinne einer persönlichen Standortbestimmung auch wieder mehr »durchzublicken«. Auf die Metapher der Mitte habe ich bereits in der Einführung schon hingewiesen und möchte diese hier noch einmal hervorheben:

- Die Mitte in sich selbst führt zur inneren Zentriertheit in einer Welt permanenter Erwartung und Ablenkung.
- Die Mitte im Leben bedeutet einen stimmigen Platz zu haben, an dem man sich wohl und sozial aufgehoben fühlt.
- Die schöpferische Mitte in der Arbeit hilft, Leistungslust zu erleben, aber dabei im Lot zu bleiben und sich nicht permanent zu verausgaben.

Als Bild für diese Mitte wurde bereits der »eutonischen Korridor« in Kapitel 1 eingeführt, der einen optimalen Leistungszustand darstellt. Er führt zu der bestmöglichen Nutzung unserer Ressourcen, hält uns gesund, fördert unsere Zufriedenheit und verhindert ineffektive Überforderungen oder dauerhaftes Ausbrennen.

Nun richten wir den Blick auf größere Zusammenhänge in der Arbeitswelt und stellen uns die Frage, was eine »Mitte in der Organisation« bedeutet, welches Potenzial darin steckt und wie diese Mitte entwickelt werden kann. Dies werde ich in drei Teilen darstellen.

3.1.1 Die Mitte in der Organisation

Mit der Mitte in der Organisation ist vereinfacht ausgedrückt, das optimale Zusammenspiel aller Kräfte gemeint, aus dem ein »organisationaler Rundlauf« entsteht, der Flow und hohe Arbeitszufriedenheit generiert. Da dieser Rundlauf frei von Überforderung und voll von Leistungs- und Kooperationslust ist, stimuliert diese Mitte auch die Bereitschaft zum Lernen und zur Weiterentwicklung. Dieser organisationale Rundlauf – in der folgenden Grafik als »eutonischer Organisationskorridor« beschrieben – stellt ein optimales organisationales Zielbild dar.

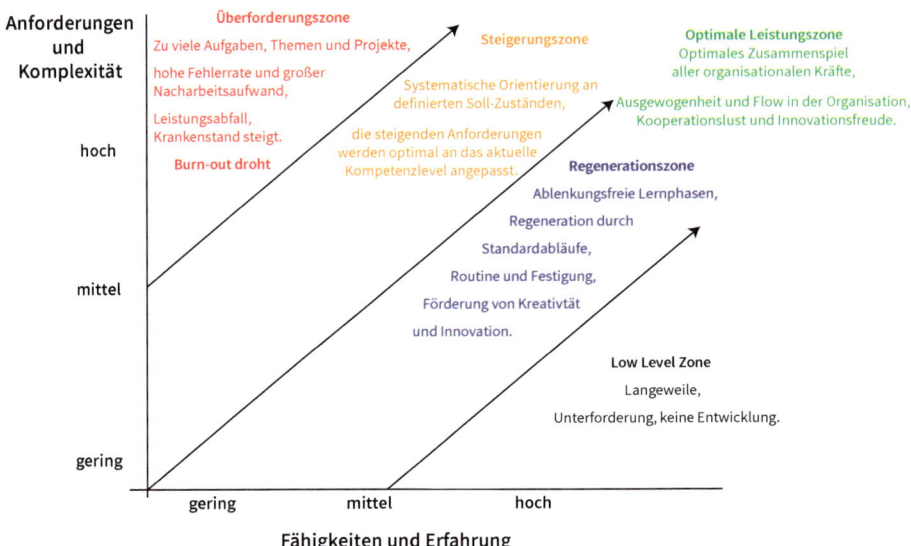

Abb. 9: Der eutonische Organisationskorridor von Pit Rohwedder

Haben Sie einen vergleichbaren Zustand schon einmal in Ihrem Team, Ihrer Abteilung oder Ihrer Organisation erlebt? Dann gratuliere ich Ihnen für die Erfahrung dieses besonderen Zusammenspiels aller Kräfte oder wenn Sie Führungskraft sind, für diese besondere Führungsleistung.

Doch warum ist das für viele Organisationen so schwierig umzusetzen?

3.1.2 Warum das Maximum kein Optimum ist

Wir leben in einer Welt, die ein kontinuierliches Maximalstreben völlig verinnerlicht hat, ohne zu merken, wie eine Mentalität der maximalen Ressourcenausbeutung uns selbst und unseren Planeten auf Dauer ruiniert. Das dieser Denkweise zugrunde liegende Denkmodell ist u. a. der Shareholder-Value-Kapitalismus, der permanent größtmögliche Wachstumsmöglichkeiten ausschöpfen will. Dieses Modell wurde erst durch die Industrialisierung verbreitet.

Doch dieses Wirtschaftssystem hat sich mittlerweile von der Frage »*Was ist gut für den Menschen?*« entfremdet und eine Eigendynamik entwickelt zu der Frage »*Was ist gut für das Wachstum des Systems?*«[46] Die Ausbeutungsmentalität im Shareholder-Value-Kapitalismus ist also keinesfalls eine anthropologische Konstante in der Geschichte der Menschheit.

---

46 Fromm, Erich: »Haben oder Sein«, München: dtv Verlag, 2012, S. 20.

Doch das Maximum ist eben nicht das Optimum, vor allem wenn man langfristig und nachhaltig denkt. Aus Untersuchungen von biologischen Systemen wurde festgestellt, dass diese instabil werden, sobald die Maximalbelastung und der Effizienzanspruch überbetont werden. Denn ausgesprochen effiziente Systeme sind letztlich immer hochgezüchtet und damit auch sehr anfällig. Als Beispiel aus der Natur kann hierzu eine Fichtenmonokultur genannt werden. Man kann sie sehr leicht anlegen und effizient ernten. Doch ein einziger Schädlingstyp kann sich schnell ausbreiten und den ganzen Wald vernichten. Vielfalt und Vernetzung sowie Flexibilität und Vitalität fördern jedoch die Belastbarkeit und damit die Widerstandsfähigkeit. Die Natur strebt also nicht das Maximum an Effizienz an, sondern eine optimale Balance zwischen Effektivität, Effizienz und Belastbarkeit. Dabei zeigt sich, dass die Belastbarkeit im Optimum sogar doppelt so hoch ist wie die Effizienz. Alle Ökosysteme haben ihre ausschlaggebenden Parameter innerhalb eines speziellen Rahmens, der empirisch bestimmt und als »Funktionstüchtigkeitsfenster« oder »Vitalitätsfenster« bezeichnet werden kann.[47]

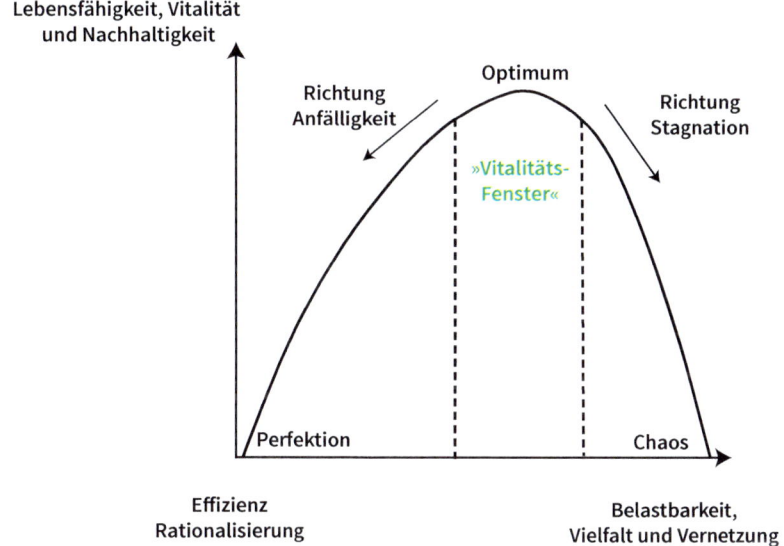

Abb. 10: Das Vitalitätsfenster nach Dr. Jürgen Freisl

Diese Erkenntnisse lassen sich auch auf alle sozialen Systeme, insbesondere Organisationen übertragen. Dennoch drängen viele Wirtschaftsexperten auf endloses Größenwachstum und Steigerung der Effizienz, weil sie davon ausgehen, dass diese Parameter das rechte Maß für die Vitalität, Resilienz und Lebensfähigkeit von Unternehmen auch in der Zukunft sind.

---

47 Freisl, Jürgen, Dissertation zum Thema »Entwicklung eines systemischen Managementansatzes zur Bewertung von Wirkungszusammenhängen in unternehmerischen Strukturen mittels kausalanalytischer Methoden«, Bochum, 2011, S. 4.

3   Balance your company

> *Der Meister hörte mit gespannter Aufmerksamkeit zu,*
> *als der berühmte Wirtschaftswissenschaftler seinen Entwurf*
> *einer künftigen Entwicklung erläuterte.*
> *»Sollte Wachstum der einzige Gesichtspunkt in einer Wirtschaftstheorie sein?« fragte er.*
> *»Ja, jedes Wachstum ist gut in sich«, entgegnete der Wirtschaftswissenschaftler.*
> *»Aber«, erwiderte der Meister, »denken nicht Krebszellen genauso?«*
> Anthony de Mello[48]

Wer die strategische Antwortfähigkeit seiner Organisation auch in Zukunft nur über die Prämisse des Shareholder-Values auf Erfolgskurs halten will, läuft jedoch Gefahr, zum Gefangenen der eigenen Anspruchsgruppen und Aktienkurse zu werden. Den kontinuierlichen Effizienzerwartungen zum »Wohlstand der AktionärInnen« folgen nämlich in der Regel stetig zunehmende Arbeitsumfänge. Hochgezüchtete Ansprüche an Effizienz ziehen dann häufig chronische Überlastung, Dauerstress und krank machende Überforderung nach sich.

3.1.3   Die Dynamik der Beschleunigungsfallen

Die Wettbewerbsverschärfung sowie die Veränderungs- und Wachstumsdynamik unserer Zeit führen zu der berechtigten Annahme, dass eine schnelle und kontinuierliche Umsetzung von notwendigen Anpassungsleistungen oder Veränderungen zur entscheidenden Fähigkeit wird, auch in Zukunft weiterhin erfolgreich zu bleiben. Die meisten Veränderungsvorhaben beziehen sich dabei auf Reorganisations- und Effizienzsteigerungsprojekte, Innovationsinitiativen oder Weiterbildungsprogramme usw. Doch der Shareholder-Value-Zwang hält trotz dieser turbulenten Dynamik an kontinuierlichen Gewinnerwartungen fest, obwohl diese Veränderungsvorhaben, wie wir noch ausführlich sehen werden, in der Regel Unruhe und temporären Leistungsabfall bewirken. All diese Maßnahmen können letztlich in dem Begriff Change Management zusammengefasst werden.

Halten Sie einmal kurz inne:
- Haben Sie auch schon Veränderungen in Ihrem beruflichen Umfeld erlebt?
- Wie zufriedenstellend ist das für Sie gelaufen?
- Welche Vorhaben können aus Ihrer Sicht als nachhaltig umgesetzt und damit als erfolgreich verzeichnet werden?

Die Fülle an Literatur zu diesem Thema zeigt inzwischen auf eine fast unübersichtliche Vielzahl unterschiedlicher Konzepte, Philosophien und Umsetzungsarchitekturen. Jeder Autor rühmt dabei natürlich sein eigenes Denkmodell und seine eigene Herangehensweise.

---

48   de Mello, Anthony, zitiert aus »«Unzeitgemäße Betrachtungen des Mythos Management« , Wieland Uwe, 2004, Rotary Club Fulda, http://www.dialoge-organisationsberatung.com//wp-content/uploads/Mythos-Management.pdf.

Allerdings verwundert die Aussage namhafter Experten, dass mehr als zwei Drittel aller Change-Management-Projekte nicht nachhaltig umgesetzt werden.[49] Nach meinen langjährigen Beobachtungen liegt das aber nicht nur an der Art, wie man ein Veränderungsvorhaben initiiert und steuert, sondern auch an den Auswirkungen vieler gleichzeitig stattfindender Veränderungsvorhaben. Eine Vielzahl von gleichzeitig stattfindenden Veränderungsinitiativen birgt bei schlechter Synchronisation und mangelnden Regenerationsphasen nämlich die Gefahr, dass die Organisation in die sogenannte Beschleunigungsfalle gerät. Damit sind Überforderungen und Misserfolge vorprogrammiert. Nach meinen eigenen Recherchen hat dieser durchaus erfolgskritische Aspekt jedoch noch kaum Eingang in die einschlägige Change-Management-Literatur gefunden.

Die ständige Steigerung von Veränderung und Anpassung wird mittlerweile in vielen Organisationen also zu einer belastenden Normalität. Belastend deswegen, weil diese Vorhaben neben dem laufenden Tagesgeschäft Aktivitäten nach sich ziehen, die für betroffene MitarbeiterInnen einen nicht unerheblichen Zusatzaufwand, also eine »On-Top-Leistung«, bedeuten. Ein kontinuierlicher Mengenzuwachs ohne intelligente Steuerung wie Anpassung der Auslastungsplanung, Priorisierung der Themen, Verbesserung der Selbstorganisation oder effizientere Prozesse usw. bedeutet jedoch automatisch mehr Zeitdruck und mehr Stress. Manche Organisationen fahren sinnbildlich gesprochen im vierten Gang Vollgas und finden den nächsten höheren Gang nicht, mit dem sie bei gleicher Geschwindigkeit eine ausgeglichenere Motorleistung hätten. Im vierten Gang Vollgas zu fahren sei hier so zu verstehen, dass durch zu viele Themen sowie einen geringen Anpassungs- bzw. Fähigkeitsgrad in den vielen Aufgaben der operative Druck zu hoch ist. Die Organisation oder einzelne Bereiche davon laufen so Gefahr, fehleranfälliger zu werden, zu verschleißen und mental auszubrennen. Häufig haben nämlich laufende Projekte, Prozessverbesserungen oder andere Veränderungsthemen aus dem letzten Jahr aktuell noch gar nicht den erwünschten Kompetenz- und Reifegrad erreicht. Vor allem, wenn neue MitarbeiteInnen in ihrer Einarbeitungszeit nur ins kalte Wasser geworfen werden oder hohe Fluktuationen das Erreichen eines Ziellevels verhindern. In solchen Situationen den Mengenzuwachs zu steigern führt nicht selbstverständlich in eine erwünschte und nachhaltige Leistungssteigerung. Denn die durch diese Beschleunigungen erlebten Dauerbelastungen bewirken letztlich beklagenswerte Dauererschöpfungen.

Wenn also Kapazitätsgrenzen erreicht werden und es keine Entspannungspausen mehr durch Routinephasen gibt, manifestiert sich in der Folge eine Überbelastung einzelner oder weiter Teile der Organisation. Frustration und Demotivation, innere Kündigung und ein steigender Krankenstand sind die unerwünschten Auswirkungen. Damit sinkt wiederum die Leistungsfähigkeit jeder Organisation, was ja eigentlich verhindert werden sollte. Zur Erinnerung: Im Sport kann ohne Regeneration keine Spitzenleistung erbracht werden und Organisationen können ohne einen vergleichbaren Modus ihre Performance nicht steigern – Mittelmaß ist die Folge.

---

49   McKinsey & Company. »Organizing for successful change management: a global survey«, in: The McKinsey Quartely, July 2006, S. 1–8, sowie Bundesverband Deutscher Unternehmensberater e. V.

Stellen jedoch die Veränderungsvorhaben kein reines Mengenthema dar, sondern ganz neue Herausforderungen für die Betroffenen, wie das beispielsweise bei der Einführung neuer Systeme oder veränderter Abläufe und Prozesse der Fall ist, sind Einlernzeiten, in denen das Neue in Ruhe gelernt und gefestigt werden kann, dringend notwendig. Denn durch diese neuen Tätigkeiten werden selbst erfahrene MitarbeiterInnen kurzfristig wieder zu »Schülern«. Um in dieser »Schülerzeit« möglichst effektiv und effizient zu lernen, braucht es pro Tag bzw. pro Woche auch definierte Lernzeiten, am besten mit einem definierten Lernziel. Ich komme im weiteren Verlauf noch einmal darauf zurück.

Da jedoch in vielen Fällen das operative Tagesgeschäft dafür nicht zurückgefahren wird und demnach alles gleichzeitig geschehen muss, führt dieser Umstand zu einer sogenannten »Mehrfachbelastung«.[50] Denn gerade das Gefühl bei neuen Themen wieder bei null anzufangen und naturgemäß auch Unschärfen oder Fehler zu produzieren, stellt für viele MitarbeiterInnen eine zusätzliche Belastung dar. Hoher Mengenzuwachs und zu viele Veränderungen in zu kurzer Zeit unterstützen diese Teufelskreise.

So steuern Dauerbelastung, Überbelastung und Mehrfachbelastung das Schiff also in eine permanente Überforderung, statt in die gewünschte Zone der Optimierung und Leistungssteigerung. Das Fatale darin ist: Diese Überforderung lässt in den meisten Fällen dann wiederum das Vertrauen in die Führung sinken. So kann der Vertrauensverlust zu einer weiteren Reduzierung des Engagements für die Organisation und deren Veränderungsvorhaben führen. Gerade für langfristige Veränderungsinitiativen ist aber der Erhalt dieses Vertrauens entscheidend, da es die Basis zur Akzeptanz und Bereitschaft bildet, auch weiterhin persönlichen Einsatz zu zeigen.

Die Beschleunigungsfalle wird demnach bewirkt durch:
- mangelndes Bewusstsein für die Auswirkungen von Management-Entscheidungen an der Basis,
- »keine Zeit«, in Ruhe Themen zu durchdenken und zu entwickeln,
- permanentes Multiprojektmanagement und permanentes Change Management,
- fehlende Synchronisation der Veränderungsvorhaben in den einzelnen Geschäftsbereichen,
- fehlende Entspannungspausen und Routinephasen,
- hohe Mitarbeiterfluktuation
- und ein fehlendes Zugeständnis, dass erst durchdachte sowie gebilligte Lern- und Reifephasen die Fähigkeiten auf ein erwünschtes Leistungsniveau heben können.

Organisationen, die ihre MitarbeiterInnen also mit zunehmendem Workload belasten und keine intelligenten Anpassungsprogramme zur Bewältigung dieser Aufgabenfülle entwickeln, demotivieren langfristig, was in den meisten Fällen Dienst nach Vorschrift, innere Kündigung oder Burn-out nach sich zieht.

---

50 Körner, Simon: »Die Beschleunigungsfalle in organisationalen Veränderungen – eine ressourcenorientierte Führungsperspektive«, Dissertation, St. Gallen, 2014.

3.1.4 Beschleunigungsfallen vermeiden

Wenn Sie als EntscheiderIn und Führungskraft aus wirtschaftlichen oder politischen Gründen Mengenzuwachs und Veränderungsprojekte initiieren, müssen Sie zur Sicherstellung nachhaltiger Ergebnisse oft erst die richtigen Voraussetzungen schaffen:

1. **Schaffen Sie zuerst optimale Voraussetzungen für unausweichlichen Mengenzuwachs**
   Halten Sie durch eine »Abteilungs- oder Team-Inspektion« zunächst einmal inne. So, wie jeder Motor regelmäßigen Ölwechsel und periodisch sogar umfangreiche Inspektionen braucht, benötigen Organisationen ebenfalls regenerative oder auch »schöpferische Inspektionen«. Diese Inspektionen stellen zunächst einmal fest, wie hoch gerade das »Betriebstempo« in der Organisation ist. Dabei werden der aktuelle Workload, Arbeitszufriedenheit, der Reifegrad in den Arbeitsabläufen oder die Prozessflüsse analysiert. Die dort erarbeiteten Ergebnisse bilden dann die Grundlage für eine Entschlackung unnütz gewordener Themen, nerviger Zeitverluste, ineffizienter Prozesse sowie der Reduzierung aufgeblähter Bürokratien. Die durch eine kluge »Ist-Soll-Analyse« entdeckten Zeitersparnisse, Effizienzsteigerungen und andere Optimierungen bilden also überhaupt erst die Voraussetzungen, den Mengenzuwachs durch neue Aufgaben oder zusätzliche Projekte »on top« intelligent und nachhaltig umsetzen zu können!

2. **Führen Sie systematische Lernzeiten und durchdachte Lernpläne ein**
   Veränderungsvorhaben mit dem Ziel, neue Systeme oder veränderte Prozesse einzuführen, benötigen gleich zu Beginn gut auf den normalen operativen Alltag abgestimmte Lernpläne, Lernzeiten und »Trainingsphasen«. Denn nicht jede neu zu erwerbende Kenntnis kann automatisch fehlerfrei und in hoher Qualität bewältigt oder umgesetzt werden. Nur in reizarmen Regenerationsphasen können sich neu zu erwerbende Fähigkeiten verankern und festigen. Kalkulieren Sie deswegen neben dem üblichen operativen Tagesgeschäft Trainingszeiten zum Erwerb neuer Fähigkeiten mit ein. Nachfolgende Routinephasen sichern dann das Verankern und festigen. Diese sorgen letztlich für die wichtige ökonomische und soziale Stabilität.

3. **Kein Mengenzuwachs in Phasen großer operativer Anspannung**
   Um Überforderung, Fehlerhäufigkeit und Widerstand gegenüber Veränderung zu vermeiden, sollten Mengenzuwächse oder neue Themen also nicht in Phasen großer Anspannung und hohem operativen Druck erfolgen. Um die (notwendige) Zunahme an Aufgaben positiv und motivierend zu erleben, benötigen Betroffene die bereits beschriebenen Einlernzeiten und das Gefühl, darin auch »atmen« zu können. Das erhöht wiederum die Bereitschaft für weitere Veränderungs- oder Entwicklungsvorhaben und stärkt das Vertrauen in die Führung.

Stellen Sie sich nun einmal vor, es würde in Ihrer Organisation oder Ihrem Bereich ein Jahr der Reifegraderhöhung ausgerufen werden: keine neuen Projekte und keine neue »Sau, die durch das Dorf getrieben wird«. Es ginge einfach darum, die vorhandenen Themen, Aufgaben und Prozesse auf ein höheres Level zu heben:
- Was wäre dann in der Organisation nach einem Jahr anders?
- Was würden alle Betroffenen dazu sagen?

FAZIT

Leistung und Tempo gehören zum Leben – Pausen und Regenerationsphasen auch. Auf den Rhythmus kommt es an. Performance und exzellente Leistungen stellen letztlich Reifegrade in Organisationen dar und spiegeln sich in deren synchronisierten Prozessen wider. Diese Leistungen werden nur durch konsequentes Training und regelmäßige Weiterentwicklungsbemühungen im Sinne einer kontinuierlichen und nachhaltigen Verbesserung erreicht. Ein wesentlicher Aspekt der »Mitte in einer Organisation« bedeutet also die Übereinstimmung von aktuellen Anforderungen und vorhandenen Ressourcen, die Freude an der Leistung, die Motivation für eine gemeinsame Gestaltung der Zukunft sowie die nachhaltige Steuerung von Dynamik und Stabilität.
Als ergänzendes Sinnbild für diese intelligente Steuerung von Dynamik und Stabilität möchte ich gerne noch die Bambuspflanze verwenden: Sie ist extrem leicht, elastisch und den Harthölzern ebenbürtig. Sie wächst schnell, hat aber dann eine Ruhe- und »Verdichtungsphase«, die die sogenannten Knoten hervorbringt. Diese sorgen für die nötige Stabilität. Der Bambus hat also eine perfekte Balance zwischen Bewegung und Entwicklung sowie Ruhe und Stabilität.

Bei größeren Organisationen nehmen Inspektionen und Standortbestimmungen durch die Wechselwirkung und Abhängigkeiten vieler gleichzeitig stattfindender Veränderungsprojekte allerdings oft den Rahmen umfangreicherer Konsolidierungen ein.

Im folgenden Teil werbe ich deshalb dafür, wie durch organisationale Reifegradverbesserungen eine bessere organisationale »Poleposition« eingenommen werden kann.

3.2 Durch Reifegraderhöhung den organisationalen Rundlauf verbessern

Unter Reifegrad einer Organisation verstehe ich zum einen den Wirkungsgrad in den umgesetzten Strategien, in den implementierten Systemen, in den täglichen Prozessen und in den laufenden Projekten, zum anderen auch die Wirkung der kulturellen Interaktion, also die interne und externe Kommunikation sowie das Kooperationsniveau der verschiedenen Teams und Abteilungen. Aus dieser Perspektive betrachtet spiegelt also die gelebte strategische und operative Praxis immer den Reifegrad oder den Wirkungsgrad vereinbarter und gelebter Maßnahmen ab. Hinken diese Wirkungen definierten Zielen und erwünschten Sollzuständen hinterher, ergeben sich zahlreiche Unwuchten, Reibungsverluste und Dissonanzen. Diese Unwuchten können eine Organisation ins Ungleichgewicht bringen und diese »unrund laufen« lassen, was wiederum Beschleunigungsphänomene verstärkt.

In diesem Kapitel werde ich eine andere Metaperspektive und damit eine andere Flughöhe als im vorherigen Kapitel einnehmen, da es um eine optimierte Synchronisation aller werttreibenden Elemente in der Organisation geht.

Als typische Werttreiber werden in der klassischen Balanced Score Card (BSC) Finanzen, Prozesse, Potenziale (u. a. MitarbeiterInnen) und KundInnen beschrieben. Die BSC ist ein integriertes Managementsystem zur Steuerung, Messung und Dokumentation der strategischen und operativen Aktivitäten. Diese Werttreiber sollten dabei jedoch in ihren Wechselwirkungen zueinander berücksichtigt werden. Das mag banal klingen, wird aber meiner Beobachtung nach häufig nicht konsequent angewendet. Wenn die einzelnen Werttreiber nur nacheinander bearbeitet werden, können dynamische und komplexe Wechselwirkungen zwischen ihnen nicht berücksichtigt werden und liefern damit ein unscharfes Bild über die Situation.

Das dahinter liegende Denkmodell ist häufig ein mechanistisches. Es ähnelt dem Verständnis im Umgang mit einfachen Maschinen, an denen Veränderungen durchgeführt werden können, ohne dabei Auswirkungen auf ein komplexes Gesamtsystem berücksichtigen zu müssen.

In Organisationen sind jedoch alle werttreibenden Elemente in ihrem Zusammenspiel vernetzt und werden vor allem durch Menschen bedient bzw. verkörpert; sie sind also schon aufgrund ihrer sozio-kulturellen Dimension wesentlich komplexer als Maschinen. Der Vergleich einer Organisation mit einem Organismus ist damit vielversprechender als der Vergleich mit einer Maschine. Man kann nämlich in einem Organismus, in dem alle lebenden Teile miteinander vernetzt sind und in Abhängigkeiten zueinander interagieren, nicht einfach Stoffe zuführen oder weglassen, Organe entnehmen oder austauschen, ohne Auswirkungen auf das Ganze zu hinterlassen.

Da es letztlich immer die Menschen sind, die mit ihren Fähigkeiten und Erfahrungen, ihren Widerständen und ihrem Eigensinn, strategische oder operative Initiativen annehmen oder verhindern, sollte jede Form der Unternehmenssteuerung die MitarbeiterInnen und KundInnen als soziale Systemelemente sowohl in die operativen als auch strategischen Steuerungsprozesse mit einschließen. Entscheidend ist letztlich also das intelligente Zusammenspiel aller relevanten Faktoren, auch der kulturellen.

Üblicherweise werden die wesentlichen Steuerungselemente dann durch regelmäßiges Monitoring erfasst. In der Art, wie dieses Monitoring praktiziert wird, zeigt sich interessanterweise wiederum diese eher mechanistische oder systemisch vernetzte Denkkultur vieler Organisationen.

Im **quantitativen Monitoring** werden Themen relativ schnell besprochen und »abgearbeitet«. Der rein quantitative Blickwinkel der Daten, Fakten und Kennzahlen läuft jedoch Gefahr, nur eine Scheinwirklichkeit widerzuspiegeln. »Maßnahmen werden umgesetzt.« oder »Wir sind im Zeitplan.« usw. bedeuten nämlich nicht zwangsläufig das Erfassen eines Wirkungsgrades der Umsetzung und damit der tatsächlich gelebten, qualitativen Arbeitswirklichkeit.

Im **qualitativen Monitoring** hingegen werden ganz bewusst die Wirkungen von Entscheidungen und damit der Reifegrad der Maßnahmen überprüft. Die beispielsweise im Unternehmensleitbild verankerten Werte sind ja auch qualitativer Natur und nicht nur quantitativ. Umsetzungen von Initiativen und Maßnahmen wirken insofern immer auch auf den kulturellen Hintergrund in Organisationen und legen Zeugnis der tatsächlich gelebten Werte ab. Nur ein qualitatives Monitoring erfasst also diese gelebten Werte.

Die entscheidende Frage neben »**Was wird alles gemacht?**« ist also »**Wie wird es umgesetzt und gelebt?**«

Weitere nützliche Schlüsselfragen dabei sind u. a.:
- Welche erwünschten Wirkungen und Ergebnisse erzeugen die Maßnahmen bereits?
- Welche unerwünschten Nebenwirkungen treten auf? (z. B. Widerstände)
- Wie reagieren unsere KundInnen und Wettbewerber darauf?
- Inwiefern muss noch zieldienlich unterstützt und nachgesteuert werden?

3.2 Durch Reifegraderhöhung den organisationalen Rundlauf verbessern

Das Erfassen von Reifegraden in Organisationen, welches dabei die quantitativen und qualitativen Dimensionen einschließt, kann sich also auf die Synchronisation der wesentlichen Geschäftsprozesse beziehen, kann das Kooperationsniveau der Führungskräfte oder Teams an den Nahtstellen der Prozesskette betrachten sowie auf individueller Ebene ansetzen, wie das bei der Einarbeitung neuer MitarbeiterInnen häufig der Fall ist. Doch je höher die strategische Flughöhe der Themen ist, desto größer ist die Wechselwirkung mit anderen Bereichen.

Um den Wirkungs- und Reifegrad in Organisationen besser feststellen zu können, schlage ich fünf Schlüsselkriterien als Beobachtungsschwerpunkte vor, die sich nach meinen beruflichen Erfahrungen sehr bewährt haben. Sie lassen sich mit bekannten Managementsystemen wie BSC, EFQM oder TRAFO hervorragend kombinieren und ergänzen.

3.2.1 Fünf Schlüsselkriterien zur Verbesserung des Reifegrads

Schlüsselkriterien	Leitfragen
1. Umsetzungsreife des Leitbildes in der Organisation	Welche Werte definiert die Organisation für sich und wie erleben MitarbeiterInnen und KundInnen den Nutzen dieser Werte?
2. Führungskräftereife in der Organisation	Welche Führungskräfte steuern mit welchem Verständnis, welchen Kompetenzen und Erfahrungen die Organisation gemeinsam in die Zukunft?
3. Prozessreife in der Organisation	Wie abgestimmt und reibungsarm laufen die Prozesse im Tagesgeschäft?
4. Teamreife und Kooperationsniveau in der Organisation	Wie professionell kooperieren Teams mit ihren KundInnen und ihren Businesspartnern in der Organisation?
5. Aufgabenreife der MitarbeiterInnen in der Organisation	Wie kompetent sind die MitarbeiterInnen, ihre Aufgaben in hoher Qualität nachzugehen und Probleme selbstständig zu lösen?

Tabelle 6: Fünf Schlüsselkriterien zur Verbesserung des Reifegrades in Organisationen

Diese fünf Schlüsselkriterien möchte ich im Folgenden noch etwas näher ausführen. Im Anschluss dazu finden Sie die jeweiligen Arbeitsblätter, die zum Innehalten und zur kurzen Analyse einladen.

3.2.1.1 Schlüsselkriterium 1: Umsetzungsreifegrad des Leitbildes in der Organisation

Idealtypisch hat jede Organisation ein Leitbild, das einem Leitstern vergleichbar ist, der die Richtung und damit auch die Abläufe bzw. Prozesse in der Organisation vorgibt. Dieses Leitbild ist das Manifest einer Organisation über ihr **Selbstverständnis**, ihre zentralen Werte, ihre Mission sowie ihren strategischen Zielzustand. Nach innen soll ein Leitbild Mitarbeitern Sinn stiften sowie motivierende und handlungsleitende Orientierung geben. Nach außen soll es deutlich machen, wofür eine Organisation steht. Es ist also die Basis für eine **Corporate Identity** und für ein werteorientiertes Marketing.

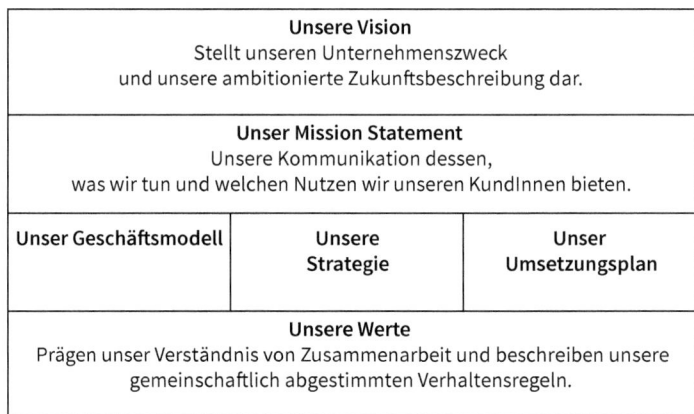

Abb. 11: Beispiel eines Unternehmensleitbildes von Pit Rohwedder

Das Verständnis der Sinnhaftigkeit des Unternehmensleitbildes und ihrer zukunftssichernden Strategien sollte bei allen Führungskräften und MitarbeiterInnen vorhanden sein.

Fragen wie die folgenden sollten keinen Luxus darstellen:
- Warum gibt es uns?
- Welchen Nutzen stiften wir für unsere KundInnen?
- Wie gestalten wir unsere Prozesse oder Abläufe am intelligentesten, also auch kraftsparend und ökonomisch?
- Auf welchen Werten basiert unsere Zusammenarbeit und Interaktion?
- Wohin wollen bzw. müssen wir uns in den nächsten Jahren entwickeln?

Das Leitbild stellt neben der strategischen und operativen Ausrichtung auch eine mentale Ausrichtung des Unternehmens dar, die im Idealfall Motivation, Wirksamkeit sowie langfristige Mitarbeiterbindung erzeugt. Wenn das Leitbild also in der Lage ist, die Sinnkomponente des Unternehmens darzustellen, vermag es positive Assoziationen bei den MitarbeiterInnen auszulösen. Es kann dabei die Zugehörigkeit stärken und das Gefühl vermitteln, einen wichtigen

Beitrag zum großen Ganzen zu leisten. Sinn und Identifikation sind eben die größten Motivations- und Loyalitätsfaktoren!

Lassen Sie mich an dieser Stelle zur Verdeutlichung der Wichtigkeit stimmiger und gelebter Leitbilder eine kleine Geschichte erzählen:

»Drei Steinmetze arbeiten auf einer Baustelle. Ein Passant fragt sie danach, was sie tun.
Der erste Steinmetz räumt mürrisch Steine zusammen und sagt: ›Ich verdiene meinen Lebensunterhalt.‹
Der zweite Steinmetz klopft mit wichtiger Miene auf seinen Stein, während er antwortet: ›Ich liefere die beste Steinmetzarbeit weit und breit.‹
Der dritte Steinmetz aber schaut den Fragenden ruhig und mit glänzenden Augen an und sagt: ›Ich baue eine Kathedrale.‹«

Begeisterte MitarbeiterInnen bauen eine Kathedrale. Sie erschaffen also etwas und verwalten nicht einfach nur. Diese MitarbeiterInnen begeistern dann ihre KundInnen und empfehlen das Unternehmen imageförderlich weiter. Das zieht dann eine Sogwirkung auf dem Markt nach sich, welche sich wiederum markenstärkend auswirkt.

Das zukünftige Kundenverhalten wird sich nach Aussagen zahlreicher Marketingexperten zunehmend an Organisationen orientieren, die über den reinen Produktnutzen hinaus auch emotionale und soziale Werte vermitteln. Fassen wir dies in einer Gegenüberstellung einmal kurz ins Auge. Üblicherweise werden im Marketing der Produktnutzen und das Alleinstellungsmerkmal gegenüber dem Wettbewerb als USP (unique selling proposition) dargestellt. Der Kunde soll also durch Nutzendarstellung zum Kauf animiert werden.

Viele Werbestrategien rücken über diesen reinen Produktnutzen hinaus allerdings ein versprochenes Erleben stärker in den Vordergrund. Denken Sie an Spirituosen- oder frühere Zigarettenwerbungen – da sind interessante Menschen in einem ansprechenden Umfeld, die über den Produktnutzen hinaus emotionale Werte und »Lebensgefühl« vermitteln. Dieser emotionale Wert oder ESP (emotional selling proposition) stellt gegenüber der reinen Nutzendarstellung also noch eine weitere Anziehungskraft zum Produkt bzw. zur Marke her. Der sehr populäre Slogan von Harley Davidson hat das wunderbar akzentuiert: »*We sell your dream – the bike is for free.*«[51]

Da jedoch auch das Kaufverhalten von KundInnen sich einem steten Wandel unterzieht, sprechen Experten heute immer häufiger von »*mündigen, selbstbewussten und anspruchsvollen Kunden*«.[52] Diese kaufen heute nicht mehr überall uneingeschränkt und sorglos ein, oder jagen hedonistisch dem billigsten Produkt hinterher. Sie informieren sich zunehmend kritischer über

---

51 https://www.151storys.com/post/verkaufe-einen-traum-an-kunden-die-dich-lieben.
52 http://www.callcenterprofi.de/branchennews/detailseite/der-kunde-von-morgen-muendig-selbstbewusst-und-anspruchsvoll-20154816/.

Herstellungsverfahren (z. B. Kinderarbeit, Massentierhaltung etc.), irrwitzige Transportwege in den Lieferketten, stellen hohe Ansprüche an den Service oder interessieren sich für die Unternehmenskultur. Gelebte Werte wie Vertrauen und Ehrlichkeit (siehe Dieselskandal in der Automobilindustrie), Verantwortungsbewusstsein, Zuverlässigkeit und soziales Engagement – um nur einige Beispiele zu nennen –, schaffen mittlerweile ebenfalls Kundenwerte, die zu Kaufentscheidungen führen und den Markenwert stärken. Die Studie »Nachhaltigkeit 2016« von absatzwirtschaft und Defacto Research & Consulting legt bereits zum zweiten Mal nahe, dass KundInnen künftig mehr unternehmerisches Verantwortungsbewusstsein einfordern und »als Ware auch mitkaufen wollen«.[53]

In dieser Studie wurde darüber hinaus ein »Sustainability Engagement Index« erstellt, der die ökologischen, sozialen und ökonomischen Säulen von Nachhaltigkeit in Unternehmen erfasst. Die promovierte Marketingexpertin Dr. Sylvia Danne ist davon überzeugt, dass Unternehmen über diese Wertefaktoren ihre KundInnen zu »Mitgliedern einer Marke« gewinnen können und so die Bildung von »Wertegemeinschaften« entstehen.[54]

Dieser SSP (social selling proposition) verbindet also Menschen gleicher Werte und lädt sogar zur gemeinsamen Interaktion ein. Zahlreiche Organisationen sind bereits auf diesen Zug aufgesprungen und veranstalten mit ihren KundInnen interaktive Tagungen, Events oder Festtage, um die Zugehörigkeit der Wertegemeinschaft zu pflegen.[55]

Um unternehmerischen Leitbildern, ihrem Werteverständnis sowie ihren Strategien letztlich Kraft und Energie (griech: »energeia« = »Wirksamkeit«) einzuhauchen, wird üblicherweise ein Organisationsentwicklungsprozess aufgesetzt, der klar definierte Aufgaben und Verantwortliche hat. Doch egal, wie sich Organisationen nun im USP, im ESP oder im SSP positionieren, letztlich ist die Frage, ob allen MitarbeiterInnen diese Positionierungen und das darin liegende Selbstverständnis bewusst ist. Zur Stärkung der Eigenmotivation von MitarbeiterInnen sowie für das Mitdenken im operativen Tagesgeschäft kann die Sinnstiftung eines stimmigen Leitbildes einen entscheidenden Beitrag leisten.

Viele strategische Stoßrichtungen oder Umsetzungsbemühungen bleiben jedoch auf der Strecke, weil das operative Tagesgeschäft letztlich der dominierende Faktor ist und die Herrschaft übernimmt. Viele MitarbeiterInnengespräche würden zufriedenstellender verlaufen, wenn sie konsequent den Bezug zum Leitbild herstellen würden. Viele Leitbilder fristen als Papiertiger in Organisationen ein kraftloses Schattendasein, weil die nötigen Operationalisierungen fehlen.

---

53 https://www.blachreport.de/nachrichten/aktuell/11716-nachhaltigkeitsstudie-2016.html.
54 Danne, Silvia: »Love Brands«, Wien: Linde Verlag, 2015.
55 Vgl. u. a.: SchmidtColleg Berlin, KW AG München.

3.2.1.2 Schlüsselkriterium 2: Führungskräftereife in der Organisation

Gute Führungskräfte organisieren und vermitteln die Umsetzung des Unternehmensleitbildes, fördern die darin beschriebenen Werte und werden als Vorbilder wahrgenommen. Sie entwickeln die für den nachhaltigen Erfolg der Organisation benötigten Systeme und Prozesse kontinuierlich weiter und haben die nötigen strategischen Helikopterperspektiven im regelmäßigen Spannungsfeld von Mikromanagement und Makromanagement. Sie kümmern sich also um die Funktionstüchtigkeit der jeweiligen Organisationseinheiten. Führungskraft zu sein bedeutet demnach, DienstleisterIn am Unternehmen und an den Menschen zu sein.

Führung und Management sind nicht nur verschiedene Begriffe, sondern auch unterschiedliche Wirkmechanismen im Unternehmen, die nach meiner Wahrnehmung häufig etwas undifferenziert verwendet werden. Um Führungskräftereife besser analysieren zu können, möchte ich diese Unterschiede im Folgenden näher ausführen.

Management bedeutet das Organisieren von Arbeitsabläufen sowie die ergebnisorientierte Zuteilung von Aufgaben zur Erreichung der Unternehmensziele. Manager erzeugen also Ordnung, Effektivität und Konstanz. Sie finden darüber hinaus schlanke und effiziente Wege für das Unternehmen, die Dinge entlang einer Wertschöpfung richtig zu tun (z. B. durch Lean Management). Manager bewegen sich oft im Spannungsfeld unterschiedlicher oder sogar konkurrierender Interessen wie Qualität, Kosten, Termine usw. und müssen Lösungen finden, das darin liegende Konfliktpotenzial zu minimieren. Manager sorgen also für die nötige Struktur und Stabilität, leiten aber auch notfalls eine Veränderung thematisch ein. Managen bedeutet demnach **»Das Geschäft organisieren.«**

Führung bedeutet, die Menschen der Organisation in diesen Themen mitzunehmen, damit sie einen Sinn in ihrer Tätigkeit sehen, somit ihr Handeln danach ausrichten und letztlich ihren eigenen Beitrag zu einem großen Ganzen erkennen. Hierbei spielen also mehr die kommunikativen und sozialen Fähigkeiten eine Schlüsselrolle und nicht nur die ordnenden und strukturierenden. Führen bedeutet also, sich um Sinnstiftung, Werte, Beziehung, Vertrauen und Motivation zu kümmern. Führung erzeugt also Bewegung und Wandel.

»Kümmere Dich um die Menschen,
dann kümmern sich die Ergebnisse um sich selbst.«
Götz Werner[56]

---

56 Werner, Götz, zitiert aus: »Das Märchenbuch für Manager«, Fuchs, Jürgen (Hg.), München: dtv Verlag, 2010, S. 140.

Sozialpsychologisch gesehen ist die Qualität und Wirksamkeit der Führung einerseits abhängig von dem Menschen, der führt, andererseits aber auch abhängig von den Menschen, die geführt werden und der aktuellen Situation, in der sie sich befinden.[57]

Die Bedeutung dieser Soft Facts ist mittlerweile viel untersucht und wissenschaftlich bestätigt worden. In einer aktuellen Untersuchung von Prof. Paul J. Zak wurde festgestellt, dass MitarbeiterInnen in sogenannten High-Trust-Unternehmen, also Unternehmen, in denen ein gutes Betriebsklima und hohes Vertrauen herrschen, im Durchschnitt 76 % mehr engagiert sind, 74 % weniger Stress erleben, 50 % höhere Produktivität herrscht und 13 % weniger Krankheitstage vorkommen.[58] Wenn MitarbeiterInnen Dinge tun, dessen Sinn sich ihnen erschließt, sind sie auch eher bereit, dafür Verantwortung zu übernehmen. Agiles Führen bedeutet sich nicht nur auf neue Rahmenbedingungen flexibel einstellen zu können, sondern auch, Teams in ihrer Selbststeuerungskompetenz, Selbstverantwortung und Intelligenz zu fördern. Führung ist also, MitarbeiterInnen den Sinn ihrer Tätigkeit nahe zu legen, einen Orientierungsrahmen zur Weiterentwicklung schaffen, sie zu beraten und im Veränderungsprozess (Wandel) zu begleiten.

Führung bedeutet aber auch, sich selbst gut führen zu können. Dies setzt sorgfältige Selbstorganisation und Selbststeuerung, vor allem auch unter Stress sowie einen ausgeglichenen Lebensenergiehaushalt voraus. Sich selbst zu führen ist eine anspruchsvolle Aufgabe. Der renommierte Management Vordenker Peter Drucker meint dazu: *»Wenn es ein Geheimnis der Effektivität gibt, so heißt es Konzentration. Effektive Führungskräfte erledigen erstrangige Dinge zuerst und immer nur eine Sache auf einmal.«*[59]

Vergleichen Sie hierzu noch einmal die Ausführungen zum Thema Achtsamkeit auf S. 54. Managen und Führen sind also zwei unterschiedliche Ansätze, in einer Organisation Wirksamkeit zu erzeugen. Während die Ökonomie in erster Linie die Domäne des Managements ist, sind die emotionalen, motivationalen, ethischen, kulturellen und strategischen Aspekte die der Führung. Beide sind gleichermaßen wichtig. Um an gute Manager und Führungskräfte zu kommen, lohnt es sich, einerseits die Auswahlkriterien sorgfältig zu definieren bzw. in Ruhe zu überdenken. Denn nicht jeder gute Sachbearbeiter, der als Leistungsträger im Unternehmen wahrgenommen wird, hat auch das Potenzial, Führungskraft zu werden. Nicht jede von außen in das Unternehmen kommende Führungskraft passt auch in das neue Umfeld und nicht jede den Bereich wechselnde, altgediente Führungskraft ist mit ihrer neuen Aufgabe auch am richtigen Platz. Denn nur auf dem Weg eines sorgfältigen Abgleichs zwischen dem Anforderungsprofil und der Potenzialeinschätzung möglicher Kandidaten lässt sich verhindern, dass fachlich gute Experten oder »EdelsachbearbeiterInnen« in *»überfordernde Führungsrollen«* gehievt werden.[60]

---

57 Fiedler, Fred, zitiert aus: »Sozialpsychologie«, Aronson, Elliot/Wilson, Timothy/Akert, Robin (Hg.), München: Pearson Verlag, 2004, S. 342.
58 Zak, Paul J.: »Wie Vertrauen die Leistung steigert«, in: Harvard Business Manager, Mai 2017, S. 74–79.
59 Drucker, Peter F.: »Die ideale Führungskraft«, Düsseldorf/Wien: Econ Verlag, 1995, S. 69.
60 Wimmer, Rudolf: »Die Zukunft von Führung«; in: OE Zeitschrift für Organisationsentwicklung, 4/96, S. 57.

3.2 Durch Reifegraderhöhung den organisationalen Rundlauf verbessern

Damit sich letztlich die Qualifizierungen der Führungskräfte auch zu tatsächlichen Kompetenzen entwickeln können, benötigen diese im Unternehmen Reflexionsschleifen, Feedbackprozesse sowie Einbettungen in Mentoring- und Coachingprogramme. Auch an diesem Beispiel wird deutlich, wie die Förderung von Fähigkeiten nicht nur gute Schulungen, sondern auch Zeit zum Nachdenken und Reifen benötigen.

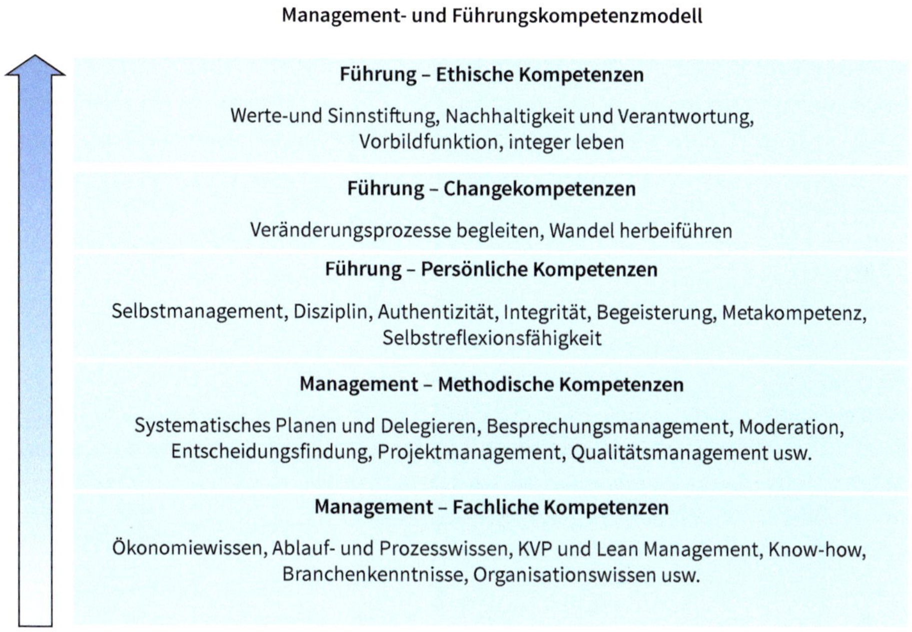

Management- und Führungskompetenzmodell

Führung – Ethische Kompetenzen
Werte- und Sinnstiftung, Nachhaltigkeit und Verantwortung, Vorbildfunktion, integer leben

Führung – Changekompetenzen
Veränderungsprozesse begleiten, Wandel herbeiführen

Führung – Persönliche Kompetenzen
Selbstmanagement, Disziplin, Authentizität, Integrität, Begeisterung, Metakompetenz, Selbstreflexionsfähigkeit

Management – Methodische Kompetenzen
Systematisches Planen und Delegieren, Besprechungsmanagement, Moderation, Entscheidungsfindung, Projektmanagement, Qualitätsmanagement usw.

Management – Fachliche Kompetenzen
Ökonomiewissen, Ablauf- und Prozesswissen, KVP und Lean Management, Know-how, Branchenkenntnisse, Organisationswissen usw.

Abb. 12: Management- und Führungskompetenzmodell von Pit Rohwedder

Anregungen für diese Grafik habe ich aus dem Lehrwerk »UnternehmerEnergie« von Dr. Dr. Cay von Fournier entnommen.[61]

3.2.1.3 Schlüsselkriterium 3: Prozessreife in der Organisation

In dem Ziel, eine Organisation in allen Bereichen rund, also mit möglichst wenig Reibungsverlust, laufen zu lassen, sind die Arbeitsabläufe und Prozesse ein entscheidender Schlüsselfaktor. Deswegen sollten die wichtigsten Abläufe und Kernprozesse (Do-how) in ihrem idealtypischen Ablauf durch Prozessdarstellungen und Schaubilder beschrieben werden. Ein regelmäßiger Abgleich zwischen Ist- und Sollzuständen deckt frühzeitig Unwuchten auf und klärt den zu optimierenden Handlungsbedarf. Nach meiner Erfahrung erleben bei der Beschreibung geleb-

---

61 Fournier, Cay von: »Unternehmensführung – Menschenführung«, SchmidtColleg St. Gallen 2008, Lehrwerk, S. 364.

ter Prozesse viele MitarbeiterInnen Überraschungen über die tatsächlichen Arbeitsabläufe und haben die große Chance, durch Optimierungen ihre Arbeit und die der Prozesspartner leichter und stressfreier zu gestalten.

Neben den Teilprozessen in Teams oder Abteilungen betrachtet ein umfangreicheres Prozessmanagement dann die Prozessflüsse über die gesamte Wertschöpfungskette. Nur eine gesamtökonomische Betrachtung und Prozesssynchronisation aller Geschäftsbereiche führt zu einem optimalen Rundlauf und stiftet für die Organisation den größten Nutzen.

Häufig entwickelt sich jedoch in Abteilungen ein Silodenken, welches das effiziente Zusammenspiel verhindert. Gerade bei Bereichsegoismen bewirken die unterschiedlichen Interessen der Abteilungen oft große Konflikte. Meist kommen dabei die MitarbeiterInnen zermürbend unter die Räder.

Nach meiner Erfahrung sind Dissonanzen in den Geschäftsprozessen aber nicht nur Ausdruck eines fehlenden Reifegrades der Synchronisation, sondern häufig Symptom der sozialen Gegebenheiten in der Firma: Akzeptanz und Verbindlichkeit definierter Prozesse, Interpretationsspielräume und kulturelle Eigenheiten stellen oft den Nährboden dafür dar. Bei solchen Gegebenheiten muss zur Verbesserung des Rundlaufs neben der Gestaltung idealtypischer Prozesse auch die Arbeitsbeziehung der Nahtstellenpartner analysiert werden. Aus der Schlüsselfrage **»Wie erleben wir die Zusammenarbeit an den Nahtstellen?«** lässt sich meist großes Verbesserungspotenzial und eine höhere Zufriedenheit ableiten.

3.2.1.4 Schlüsselkriterium 4: Teamreife und Kooperationsniveau in der Organisation

Hier sind zum einen die Kompetenzen eines Teams (und dessen TeamleiterIn) gemeint, die Fähigkeiten, übergeordnete strategische Ziele der Organisation auf Jahresziele zu übersetzen, konkrete Aufgaben daraus abzuleiten und diese Aufgabenziele nachhaltig zu erreichen. Da schlanke Prozesse letztlich über die Effizienz entscheiden, geht es auch um die Fähigkeit, diese Prozesse kontinuierlich zu optimieren. Weil Teams häufig in einer Prozesskette integriert sind, spielt auch die Qualität der Kooperation mit den angrenzenden Prozesspartnern eine wichtige Rolle. Das gilt selbstverständlich auch für Führungsteams. Zum anderen ist aber das Bindemittel zur erfolgreichen Zusammenarbeit vor allem Vertrauen, Kommunikation, Konfliktklärungskompetenz und im Idealfall ein motivierender Spirit im Team. Selbstbeobachtungsfähigkeiten, die sogenannten Metakompetenzen, fördern Veränderungsbereitschaft und den Blick auf ein größeres Ganzes.

Angesichts steigender Veränderungsdynamiken im globalen Wettbewerb, der Forderung nach mehr Innovation und Kreativität sowie dem Ruf nach mehr Kundennähe stellen die aktuell viel diskutierten agilen Ansätze interessante Antworten für Teams in Organisationen bereit. Durch die Gestaltung flacher Hierarchien werden langsame und oft umständliche Bürokratieprozesse abgebaut, die Problemlösefähigkeit vor Ort verbessert sowie Kreativität und Fluss in Entscheidungsprozessen gefördert. Mehr Selbstverantwortung in den Teams fördert neben der Kreativität auch Sinn und Motivation, sodass nicht nur die Arbeitszufriedenheit steigt, sondern gleichzeitig der Krankenstand sinkt.

Agile »Betriebssysteme« bewegen sich also raus aus den Fachsilos hin zu autonomen, kundenfokussierten, innovativen, multidisziplinären und damit flexibel reagierenden Teams. Wenn Menschen in Organisationen innerhalb eines klar gesteckten Rahmens also eigenverantwortlich handeln dürfen, können sich ihre Talente und Stärken bestmöglich entfalten, welches wiederum die Produktivität und Zufriedenheit steigert.

Der Ansatz ist im Grunde nichts Neues. Die britische Kohlemine Haighmoor konnte nach dem Zweiten Weltkrieg durch Selbstverantwortung Unfallzahlen, Fluktuation und Kosten senken, während Produktivität, Qualität und Motivation stieg. In den 1970er- und 1980er-Jahren hielten selbstverwaltete Arbeitsgruppen unter dem Namen »partizipative Unternehmensführung« Einzug in die Managementliteratur. Das Volvo-Werk im schwedischen Kalmar reduzierte 1987 die Produktionsmängel damit um 90 %. Die amerikanische Großhandelskette C&S Wholesale Grocers schuf Ende der 1980er/Anfang der 1990er ein von selbst organisierten Teams geschaffenes Warenhaus, das 60 % Kosteneinsparungen im Vergleich zum Wettbewerb erbrachte.[62] Die heute so populär gewordenen agilen Modelle sind allerdings als methodische Variante neu.

Richard Straub, ehemaliger IBM Topmanager und Präsident der Peter Drucker Society, bezeichnet eine Reifung dieser selbst organisierten Arbeitsformen als Übergang zur »*unternehmerischen Gesellschaft.*«[63] Bei der Scherdel Gruppe im oberfränkischen Marktredwitz, einem familiengeführten Unternehmen mit rund 4500 MitarbeiterInnen an 29 Standorten, gilt schon im Unternehmensleitbild: »*Jeder Mitarbeiter ist sein eigener Unternehmer an seinem Arbeitsplatz.*«[64]

Nach Prof. Weibler, der den Lehrstuhl für Betriebswirtschaftslehre an der Fernuniversität Hagen innehat, könnten Kompetenz und Selbstverantwortung der MitarbeiterInnen in Zukunft sogar zunehmend formale Macht ablösen. Im Wiener Telekommunikationsunternehmen Haase kommt man mittlerweile sogar ohne operative Managementebene aus – die Geschäftsführung konzentriert sich rein auf die strategische Weiterentwicklung des Unternehmens und überlässt die operative Aufgabensteuerung den rund 85 Beschäftigten.[65]

---

62 Bernstein, Ethan/Bunch, John/Canner, Niko/Lee Michael: »Was ist dran am Holokratie-Hype?«, Harvard Business Manager, April 2017, S. 32.
63 Zitiert aus Leitl, Michael: »Lost in Transformation«, Harvard Business Manager, April 2017, S. 27.
64 zitiert aus: Schmidt, Josef: »Wirtschaftsethik«, Neudrossenfeld: SC Verlags- und Service GmbH, 2016, S. 121, www.scherdel.de.
65 Zitiert aus: Dapprich, Gerd: »Unternehmen ohne Managerinnen und Manager?« in: FernUni Perspektive, Zeitschrift der FernUniversität Hagen, Ausgabe 62, 2017, S. 7.

Doch ein Umbau des Unternehmens oder einzelner Bereiche auf alternative und agile Organisationsformen ist kein einfacher Selbstläufer. Je nach kultureller Ausgangslage und Reifegrad in den Teams bringt dieser Wechsel erhebliche Veränderungen mit sich, die nur durch umsichtige Anpassung den erwünschten Erfolg in Aussicht stellen können. Nicht jeder kann nämlich mit gestalterischer Verantwortung auch umgehen oder will es. Es darf an dieser Stelle auch bezweifelt werden, dass permanenter Stress und mangelnder Rundlauf, die Lust an unternehmerischer Mitgestaltung fördern soll. Aus Sicht gestresster oder überforderter MitarbeiterInnen produziert der Aufruf zur Mitgestaltung nämlich weiter Mehraufgaben, die beim vorherrschenden Stresslevel also eher kritisch gesehen und negativ besetzt werden.

Wenn solche Zustände längerfristig andauern, bleibt MitarbeiterInnen im Grunde gar nichts anderes übrig, als sich abzugrenzen – Dienst nach Vorschrift oder innere Kündigung sind dann häufig beobachtbare Folgen.

3.2.1.5 Schlüsselkriterium 5: Aufgabenreife der MitarbeiterInnen in der Organisation

Im Grunde genommen wird heute kaum noch jemand anzweifeln, dass die meisten MitarbeiterInnen in der Regel motiviert sind und Leistung bringen wollen. Allerdings müssen die Fähigkeiten und die Erfahrungen der Person zu den Anforderungen am Arbeitsplatz passen. Motivation und Flow entstehen auch dann, wenn die richtige Person am richtigen Platz ist. Der Persönlichkeitspsychologe Prof. Julius Kuhl beschreibt zwei Merkmale, die Menschen im Flow auszeichnen:

»1.) Sie fühlen sich mit ihrer Arbeit eins und haben große Freude an ihr; sie glauben, die Arbeit unter Kontrolle zu haben und fühlen sich gleichzeitig angeregt und sicher.

2.) Unabhängig von der Berufsrolle scheinen Menschen im Zustand des Flow ihre Arbeit mit höchst nachhaltigem Erfolg zu erledigen.«[66]

An dieser Stelle sind nun die Führungskräfte gefragt. Denn um die richtige Person am richtigen Platz einzusetzen, benötigen sie ein Wissen über deren Kompetenzen, Stärken, Wertvorstellungen, Interessen sowie deren Entwicklungspotenziale. Nur so können MitarbeiterInnen an einem stimmigen Platz den größtmöglichen Beitrag für die Unternehmensziele und den daraus abgeleiteten Erwartungen leisten.

---

66 Kuhl, Julius/Scheffer, David/Mikoleit, Bernhard/Strehlau, Alexandra (Hg.): »Persönlichkeit und Motivation im Unternehmen«, Stuttgart: Kohlhammer Verlag, 2010, S. 12.

Dies ist im Grunde also zunächst eine sorgfältige Angelegenheit der Einstellungsgespräche und dann in der Folge einer systematischen Einarbeitung. Eine hohe Aufgabenreife bedeutet, die für den Arbeitsplatz anstehenden Aufgaben in hoher Qualität, termintreu, effektiv und möglichst kostengünstig zu erledigen. Viele Organisationen benutzen dafür neben einem systematischen Einarbeitungsplan in einer realistischen Einarbeitungszeit auch eine Qualifizierungsmatrix. Diese erfasst einerseits die Anforderungen an den Arbeitsplatz, die Kompetenzen und Erfahrung, den aktuellen Erfüllungsgrad, aber auch die Vorerfahrungen, Stärken und Interessen der MitarbeiterInnen. Die Führungskraft überprüft und bespricht dann bedarfsweise jährlich den Fortschritt. Dies ergibt nicht nur bei der Einarbeitung neuer MitarbeiterInnen Sinn, sondern immer dann, wenn neue und größere Aufgaben hinzukommen oder Stellenprofile sich ändern.

Nachfolgend ein einfaches Beispiel einer Qualifizierungsmatrix.

Beispiel einer einfachen Qualifizierungsmatrix

Name:			
Berufliche Qualifikationen und Erfahrungen:			
Stärken und besondere Interessen:			
Anforderungen	Erfüllungsgrad in %	Notwendige Qualifizierung	Durchgeführt am
Fachlich z.B. technische Anforderungen			
Fachlich z.B. Projektmanagement			
Fachlich z.B. Effizienzverbesserung			
Überfachlich z.B. Kommunikation			
Überfachlich z.B. Konfliktmanagement			
Letzte Überprüfung gezeichnet am:			

Abb. 13: Qualifizierungsmatrix von Pit Rohwedder

Da die Themenmengen am Arbeitsplatz je nach Branche unterjährig oft stark variieren können, ist für MitarbeiterInnen eine Zuordnung und Priorisierung der Aufgaben über den Jahresverlauf unumgänglich, vor allem um negative Überraschungen zu vermeiden. Hier eignet sich der bereits in Kapitel 2 vorgestellte Navigationsplan oder »Road Map«, der die Themen auf einer Zeitleiste über das Jahr entsprechend ordnet (vgl. S. 50).

Um die Aufgaben jedoch nicht nur effektiver und leichter zu erledigen, sondern auch reibungsärmer und dadurch kostengünstiger, möchte ich auf eine überaus sinnvolle Methode aus der klassischen Lean Production von Taiichi Ohno hinweisen:[67]

Die »Sieben Arten der Verschwendung«
Diese sieben Verschwendungsarten sind typischen Kostenverursacher, die nachfolgend näher erläutert werden. Durch die Behebung dieser Verschwendungsarten läuft eine Organisation wesentlich runder, es gibt weniger Aufregung und Stress.

Diese sieben Verschwendungsarten sind:
1. **Transport** – durch zu hohe Transportaufwände werden Ressourcen für nicht wertschöpfende Tätigkeiten gebunden, die anderweitig für die Wertschöpfung eingesetzt werden könnten.
2. **Bestände** – stehen immer am Beginn der Wertschöpfung. Hohe Bestände verursachen Kapitalbindungskosten und ein erhöhtes Risiko bezüglich der Wertminderung durch Veralterung. Veraltete oder nicht überarbeitete Dokumente oder Unterlagen stiften keinen Wert mehr, sondern sorgen häufig für unnötige Irritationen.
3. **Bewegung** – hierunter sind ungünstige Arbeitsplatzergonomie, schlechte Anordnungen oder Andienungen, sowie lange Suchzeiten durch Unordnung usw. zu verstehen.
4. **Wartezeiten** – bedeuten zu hohe Durchlaufzeiten, sind also nicht wertschöpfend und manchmal auch frustrierend, weil man in seiner Arbeit nicht weiterkommt. Chronische Unpünktlichkeit, permanente Ablenkungen und Troubleshooting verstärken unnötige Wartezeiten.
5. **Überproduktion** – bei fehlender Nachfrage stellt sie keine Wertschöpfung mehr dar. Unter Überproduktion kann letztlich alle Blindleistung im Unternehmen durch Doppelbeauftragungen, Mehrarbeit, Überinformation usw. verstanden werden.
6. **Falsche oder zu komplizierte Prozesse** – Systeme, Bürokratien, Genehmigungen oder Einkaufsprozesse usw. haben sich in vielen Unternehmen derart verselbstständigt, dass diese einen erheblichen Aufwand darstellen, aber keinen Mehrwert mehr bringen.
7. **Ausschuss und Nacharbeit** – führen zu einer Verzögerung des Liefertermins und erhöhen die Herstellkosten eines Produktes oder einer Dienstleistung.

Diese Verschwendungsarten können sich gegenseitig verstärken. So führt die Überproduktion zu erhöhten Beständen, die wiederum mit Mehraufwendungen für Transporte einhergehen usw. Der Ansatz kommt zwar aus der Produktion, lässt sich aber sehr gut auch auf indirekte Bereiche anwenden. Eine hohe Aufgabenreife würde also in diesem Kontext bedeuten, die typischen Verschwendungsarten und »Blindleistungen« nicht nur zu kennen, sondern die eigene Arbeit so auszurichten, dass Verschwendung konsequent vermieden wird.

---

[67] http://www.lean-production-expert.de/lean-production/7-verschwendungsarten.html.

Da die meisten Tätigkeiten und Aufgaben in vielen Organisationen in eine kontinuierliche Verbesserungsphilosophie eingebettet sind, werden in diesem Sinne weitere Anforderungen an die MitarbeiterInnen gestellt, die neben der Optimierung einer Selbstorganisation auch die Verbesserung der eigenverantwortlichen Problemlösefähigkeiten einfordern. Hier stellt der PDCA-Zyklus die geeignete Antwort dar. Er geht auf den Mathematiker William Edwards Deming zurück. Beim PDCA-Zyklus handelt es sich um einen Problemlösungsprozess, der das immerwährende Kreislaufverhalten von Planen, Handeln, Kontrollieren und Reagieren darstellt. Damit soll ein immer höheres Qualitätsniveau bezüglich Effizienz sowie Kunden- und Mitarbeiterzufriedenheit erreicht werden.

- **Plan** steht für die Informationssammlung und Analyse der Situation, die Zielbestimmung und die Planung erforderlicher Maßnahmen.
- **Do** bedeutet die Durchführung der geplanten Maßnahmen.
- **Check** bewertet die Ergebnisse der Maßnahmen nach definierten Messgrößen.
- **Act** steht für eine erneute Überarbeitung der Ziel- oder Maßnahmenformulierungen und die Anpassung an eventuelle Situationsveränderungen, die wiederum in eine erneute Plan-Phase mündet. »Act« steht also auch für »Learn«. Diese Anregung verdanke ich Dr. Jürgen Freisl, Managementberater und Führungsnavigator aus Steingaden.

Effektiv und effizient zu arbeiten, kann nicht nur den operativen Druck senken, sondern auch die eigene Selbstwirksamkeit verbessern, positive Energie durch Bewältigbarkeit erzeugen und Spaß machen. Gut eingearbeitete, an Veränderung optimal herangeführte und am richtigen Platz eingesetzte MitarbeiterInnen stellen sich letztlich selbst die Frage, wo und wie sie optimale Resultate erreichen oder Nachhaltiges für die Organisation bewirken können. Egal ob Sie nun in Ihrem Unternehmen auf traditionell hierarchische, agile oder andere Arbeitsformen der Selbstverantwortung setzen, das Ziel sollte immer ein Rundlauf und ein Flow-Zustand bei MitarbeiterInnen sein.

> »Was ihr nicht tut mit Lust, gedeiht euch nicht.«
> William Shakespeare[68]

FAZIT

Organisationen fördern unkontrollierbare Beschleunigungen, wenn Ziele wie Größenwachstum, Effizienzverbesserung oder die Steigerung der Projektmengen ohne Kenntnis des aktuellen Workloads und des Reifegrades durchgeführt werden. Die Entscheidungen für solchen Mengenzuwachs laufen dann Gefahr, unrealistisch oder sogar absurd zu werden. UnternehmerInnen, GeschäftsführerInnen und Führungskräfte, die keine »Bodenhaftung« mehr haben, treiben also Hamsterräder

---

68 https://zitatezumnachdenken.com/william-shakespeare/page/2.

an, demotivieren die operative Basis und verspielen ihr Vertrauen für weitere Veränderungsvorhaben.

Durch Reifegradanalysen entwickelt jedoch die Organisation nicht nur ein neues Bewusstsein dafür, wie hoch gerade das Betriebstempo ist, sondern auch, wo das Unternehmen in seiner Kooperationskultur steht. Weil die Kultur immer die Basis der Zusammenarbeit in der Organisation ist und der Kitt, der alles zusammenhält, stellt sie einen enormen Erfolgsfaktor dar. Der renommierte Managementexperte Jim Collins hat die Kernprinzipien der bekanntesten Erfolgsmodelle für Organisationen analysiert und den Kulturfaktor darin eindrucksvoll bestätigt.[69]

Hinter den fünf hier vorgestellten Schlüsselkriterien steckt also letztlich die Fähigkeit einer Organisation, sich selbst in ihrer Wirksamkeit zu analysieren und typische Denkmodelle sowie Interaktionsmuster auf ihre Zukunftstauglichkeit hin zu prüfen. Die Art und Weise, wie sich eine Organisation damit auseinandersetzt, zeichnet letztlich auch ihre »organisationale Lernfähigkeit« aus. Die Verbesserung dieser Lernfähigkeit vermag einerseits den organisationalen Rundlauf zu optimieren, andererseits aber auch die Innovationskraft und Zukunftsfähigkeit zu stärken.

Wie diese »Lernfähigkeit in Organisationen« definiert und vor allem verbessert werden kann, wird in Kapitel 3.3 beschrieben.

3.2.2 Analyse des Reifegrades Ihrer Organisation: Arbeitsblätter zu den fünf Schlüsselkriterien

Die folgenden Arbeitsblätter können Sie nun zur Reifegradanalyse der fünf Schlüsselkriterien nutzen:
- Umsetzungsreife des Leitbildes in der Organisation
- Führungskräftereife in der Organisation
- Prozessreife in der Organisation
- Teamreifegrad in der Organisation
- Aufgabenreife der MitarbeiterInnen in der Organisation

Arbeitsblatt 1 zur Umsetzungsreife des Leitbildes in der Organisation

Umsetzungsreife des Leitbildes in der Organisation	Trifft voll zu	Trifft etwas zu	Trifft nicht zu	Handlungsbedarf
Wir haben ein Leitbild, in dem alle MitarbeiterInnen den Sinn, die strategische Ausrichtung und den handlungsleitenden Rahmen verstehen.				

---

69 Vgl. Collins, Jim: »Der Weg zu den besten«, Frankfurt am Main: Campus Verlag, 2011.

3.2 Durch Reifegraderhöhung den organisationalen Rundlauf verbessern

Umsetzungsreife des Leitbildes in der Organisation	Trifft voll zu	Trifft etwas zu	Trifft nicht zu	Handlungsbedarf
Unsere Führungskräfte und MitarbeiterInnen finden sich in diesem Leitbild wieder und leben diese Werte.				
Wir haben zur Umsetzung des Leitbildes einen Organisationsentwicklungsprozess mit definierten Aufgaben und Verantwortlichkeiten auf einer Zeitleiste implementiert.				
Zum Monitoring finden bei uns geeignete Instrumente Anwendung, die sowohl die quantitativen Aspekte als auch qualitativ die Wirkungen erfassen.				
Zur Standortbestimmung in unserem Organisationsentwicklungsprozess führen wir regelmäßig Klausuren durch.				
Um zu regenerieren und damit den Reifegrad der Organisation zu verbessern, nutzen wir von Zeit zu Zeit regenerative Pausen, in denen keine neuen Themen oder Projekte hinzukommen.				
Erfolgreich abgeschlossene Projekte werden bei uns durch kleine Feiern gewürdigt.				
Für unser Marketing sind neben dem USP auch der ESP und der SSP relevante Themen.				

Tabelle 7: Analyse der Umsetzungsreife des Leitbildes in der Organisation

Arbeitsblatt 2 zur Führungskräftereife in der Organisation

Führungskräftereife in der Organisation	Trifft voll zu	Trifft etwas zu	Trifft nicht zu	Handlungsbedarf
Die Auswahlkriterien für unsere Führungskräfte sind in fachlicher, sozialer und ethischer Hinsicht passend zu unserem Leitbild.				
Unternehmer, Geschäftsführer und Führungskräfte leben die im Leitbild verankerten Werte vor und werden auch als Vorbilder wahrgenommen.				
Unsere Führungskräfte entwickeln die für den nachhaltigen Erfolg der Organisation benötigten Systeme und Prozesse kontinuierlich weiter.				
Unsere Führungskräfte entscheiden dabei immer, was das Beste für das Unternehmen ist und nicht, was das Beste für ihren Bereich oder sie selbst ist.				
Für die Weiterentwicklung unserer Führungskräfte nutzen wir auch interne Rotationen, die ein Verständnis für übergeordnete Prozesse und deren Rundlauf fördern.				

3   Balance your company

Führungskräftereife in der Organisation	Trifft voll zu	Trifft etwas zu	Trifft nicht zu	Handlungsbedarf
Unsere Führungskräfte unterstützen Diversity (= Unterschiedlichkeit), sowie eine Kultur der Kooperation und des Lernens.				
Unsere Führungskräfte pflegen eine konstruktive Feedbackkultur mit ihren MitarbeiterInnen und im Führungskreis.				
Unsere Führungskräfte wissen um die Kompetenzen, Erfahrungen, Stärken und Interessen ihrer MitarbeiterInnen und fördern diese bestmöglichst.				
Es gibt für jede MitarbeiterIn eine Qualifizierungsmatrix, in der die Anforderungen an den Arbeitsplatz, den aktuellen Erfüllungsgrad, die Stärken und Interessen der MitarbeiterIn erfasst sind.				
Die Führungskraft bespricht bedarfsweise, mindestens aber jährlich diese Qualifizierungsmatrix, bis sie nicht mehr benötigt wird.				
Achtsamkeitsprogramme zur Förderung der Konzentration und Senkung der Fehlerquoten finden bei uns Anwendung.				
Professionelles Coaching wird als Chance gesehen und bei Bedarf im Unternehmen angewendet.				

Tabelle 8: Analyse der Führungskräftereife in der Organisation

Arbeitsblatt 3 Prozessreife in der Organisation

Prozessreife in der Organisation	Trifft voll zu	Trifft etwas zu	Trifft nicht zu	Handlungsbedarf
Die großen Geschäftsprozesse sind über alle Abteilungen synchronisiert, um das Beste für das Unternehmen zu fördern und nicht das Beste für den einzelnen Bereich.				
Die wichtigsten Prozesse sind beschrieben und für alle MitarbeiterInnen einsehbar.				
Die relevanten Prozesse sind den MitarbeiterInnen und Führungskräften bekannt und werden eingehalten.				
Periodisch werden die Arbeitsabläufe und Prozesse mit den relevanten Nahtstellenpartnern besprochen und an notwendige Veränderungen angepasst. (Beispielsweise in Workshops)				

Tabelle 9: Analyse der Prozessreife in der Organisation

Arbeitsblatt 4 zu Teamreife und Kooperationsniveau in der Organisation

Teamreifegrad in der Organisation	Trifft voll zu	Trifft etwas zu	Trifft nicht zu	Handlungsbedarf
In den Teams wird auf eine gute fachliche und menschliche Zusammensetzung geachtet.				
In den Teams wird ein offener und wertschätzender Umgang gepflegt.				
In den Teams wird mit Meinungsverschiedenheiten konstruktiv umgegangen.				
Teams treffen sich einmal jährlich, um rückblickend Ziele sowie erlebte Zusammenarbeit zu reflektieren und neue Jahresziele zu besprechen.				
Teams führen auch Prozesspartner-Meetings oder Workshops durch, um die Kooperation an den Nahtstellen zu optimieren.				
Teams werden in ihrem Kooperationsniveau durch Moderatoren und Berater mit einer professionellen Außensicht unterstützt.				
Teams treiben kontinuierliche Verbesserung, Innovation und Veränderung von selbst an.				
Besprechungen beginnen pünktlich, sind vorbereitet, werden moderiert, es gibt eine Zusammenfassung sowie ein Protokoll.				
Besprechungen haben für uns immer einen Mehrwert.				
In Besprechungen sind Laptops ausgeschaltet und Smartphones stumm, damit ablenkungsfreies Arbeiten sichergestellt ist.				

Tabelle 10: Analyse der Teamreife in der Organisation

Arbeitsblatt 5 zur Aufgabenreife der MitarbeiterInnen in der Organisation

Aufgabenreife der MitarbeiterInnen in der Organisation	Trifft voll zu	Trifft etwas zu	Trifft nicht zu	Handlungsbedarf
Neue MitarbeiterInnen haben Einarbeitungspläne. Dies gilt auch für eingearbeitete MitarbeiterInnen, die umfangreiche neue Aufgaben bekommen.				
MitarbeiterInnen haben definierte Ansprechpartner oder Mentoren, wenn sie Hilfe brauchen.				

Aufgabenreife der MitarbeiterInnen in der Organisation	Trifft voll zu	Trifft etwas zu	Trifft nicht zu	Handlungsbedarf
Das Selbstmanagement und die Eigenverantwortung der MitarbeiterInnen werden durch Navigationspläne, Zeitoptimierung im operativen Tagesgeschäft und bei Bedarf durch Schulungen gefördert.				
Die 7 Arten der Verschwendung sind bei uns bekannt. Führungskräfte und MitarbeiterInnen richten ihr Handeln konsequent danach aus.				
In definierten Arbeitszeiten ist es möglich, ungestört seine Arbeit zu verrichten.				

Tabelle 11: Analyse der Aufgabenreife der MitarbeiterInnen in der Organisation

3.3 Lernfähigkeit von Organisationen verbessern

Die Art und Weise, wie Anpassungsvorgänge oder Veränderungsinitiativen in Organisationen typischerweise initiiert und begleitet oder auch nicht begleitet werden, legt immer eindrucksvoll Zeugnis auch über das Lernverständnis und die Lernfähigkeit dieser Organisationen ab. Die hier eingenommenen Perspektiven auf das Thema stiften einen großen Nutzen vor allem für EntscheidungsträgerInnen und MitgestalterInnen von Organisationen, da sie sehr wertvolle Impulse erhalten, die Lern- und damit auch die Zukunftsfähigkeit von Organisation zu verbessern. Doch bevor ich diese Lernfähigkeit von Organisationen definiere und Wege zur Verbesserung dieser Lernfähigkeit beschreibe, möchte ich zunächst noch einen spezifischen Blick auf aktuelle Umfeldbedingungen richten, aus denen letztlich evolutionärer oder auch revolutionärer Druck zur Anpassung, Veränderung oder Wandel hervorgeht.

3.3.1 Ein Blick ins Umfeld

Im weltwirtschaftlichen Strukturwandel des 21. Jahrhunderts kann nach Meinung zahlreicher Wirtschaftsexperten nicht mehr automatisch auf jahrzehntelang bewährte Erfolgsrezepte zurückgegriffen werden und es scheinen aktuell noch keine stabilisierenden Muster erfolgreicher Zukunftsbewältigungen absehbar zu sein.[70]

---

[70] Nagel, Reinhart/Wimmer, Rudolf: »Systemische Strategieentwicklung«, Stuttgart: Schäffer-Poeschel Verlag, 2014, S. 1; vgl. auch: Büschemann, Karl Heinz: »Feigheit vor der Zukunft«, SZ, Nr. 142/2013, S. 26; darin wird in diesem Zusammenhang der Trendforscher David Bossart vom Gottlieb-Duttweiler-Institut genannt.

Folgt man den aktuellen wirtschaftswissenschaftlichen Diskursen und Beiträgen der Managementliteratur, so taucht zunehmend der Begriff »VUKA-Welt« auf.[71]

Ursprünglich stammt dieser Begriff aus dem amerikanischen Militär und beschreibt eine Welt, in der durch ständig sich verändernde Bedingungen klare Freund-Feind-Grenzen nicht mehr eindeutig auszumachen sind. Dies produziert zunehmend Unsicherheiten in Entscheidungsprozessen, welche wiederum nicht mehr mit herkömmlichen Erfolgsrezepten gemanagt werden können. VUKA steht dabei für:

Volatilität – sie bezieht sich auf Schwankungsintensitäten innerhalb definierter Zeiträume, wie das bei Aktienbewegungen, Markteinbrüchen oder raschen Kundensonderwünschen der Fall sein kann.

Unsicherheit – entsteht durch Schwankungen und wenig vorhersehbare Umstände. Die zahlreichen disruptiven Entwicklungen in der Start-up-Szene, welche plötzlich völlig neue Kundenwerte generieren, legen ein eindrucksvolles Beispiel dafür ab.

Komplexität – bezieht sich auf die Zunahme an Einflussfaktoren, die alle in einer vielfältigen, nicht mehr eindeutig vorhersehbaren Wechselwirkung und Interdependenz zueinander stehen. Deshalb spricht man von komplex im Unterschied zu kompliziert: Komplizierte Probleme oder Sachlagen lassen sich vorhersagen oder genau berechnen. Nach dem Zweiten Weltkrieg verlief die Wirtschaft eher linear und meist vorhersehbar. Heute sind wir in einer Wirtschaftswelt angekommen, die sich immer komplexer darstellt, weil sich aufgrund vielseitiger Netzwerkstrukturen rasante Eigendynamiken exponentiell entwickeln und kausale Zusammenhänge meist nicht mehr eindeutig zuschreibbar sind. Der renommierte Wirtschaftswissenschaftler Prof. Malik sieht in einer zunehmend komplexen Welt allerdings auch große Chancen, denn: *»Komplexität ist Vielfalt; sie führt von der Welt der Tatsachen in die weit größere Welt der Möglichkeiten.«*[72]

Ambiguität – sie bezieht sich auf die potenzielle Mehrdeutigkeit einer Information oder Situation, obwohl »alle Fakten auf dem Tisch liegen«. Ambiguität zieht dann oft Ambivalenz nach sich.

VUKA signalisiert also den Abschied aus einem »Zeitalter der Gewissheiten« und erzwingt demnach in vielen Branchen notwendige Konsolidierungsschritte. Bereits im Jahr 2012 glaubten mehr als die Hälfte aller Deutschen, dass die soziale Marktwirtschaft als Wirtschaftsordnung grundlegend verändert werden sollte.[73]

---

71 Buhse, Willms: in »Navi für die VUKA Welt«, managerSeminare 237/2017.
72 Malik, Fredmund, zitiert aus: »Wirtschaftswandel zu mehr Komplexität«, http://www.karrierefuehrer.de/branchen/wirtschaftswissenschaften/wirtschaftswandel-zu-mehr-komplexitaet.html.
73 https://de.statista.com/statistik/daten/studie/214816/umfrage/ansichten-ueber-die-soziale-marktwirtschaft/

Es darf angesichts dieser Entwicklung, der zunehmenden Klimakrise und den gesellschaftlichen Bedürfnissen nach Vereinbarkeit von Beruf, Freizeit, Gesundheit und Familie bezweifelt werden, dass die Geisteshaltung des Shareholder-Kapitalismus der letzten Jahrzehnte zukunftsweisend bleibt.

Um sich in dieser »VUKA-Welt« also innovativ anpassen und damit das eigene Überleben sichern zu können, müssen gängige Wirtschaftsmodelle hinterfragt und die Lernfähigkeit von Organisationen (und der Politik) stimuliert werden.

Gerade in unsicheren und dynamischen Zeiten werden neue Denk- und Lösungsansätze wieder wichtig. In einer weltweiten, von IBM durchgeführten CEO Umfrage, gaben 60 % der Befragten an, dass Kreativität heutzutage die wichtigste Führungsqualität sei.[74] Der amtierende Vorstandsvorsitzende des Siemens Konzerns Joe Kaeser ist sogar davon überzeugt, dass »*Innovation das Lebenselixier*« seines Unternehmens ist.[75]

3.3.2 Was bedeutet Lernfähigkeit in Organisationen?

Wie Menschen als Individuen lernen, ist durch Pädagogik, Psychologie und Neurowissenschaften mittlerweile gut belegt. Doch wie lernen eigentlich Organisationen und wie kann deren Lernfähigkeit verbessert werden?

Organisationen haben über die Zeitdauer ihrer Existenz automatisch gelernt, mit ihrer relevanten Außenwelt (KundInnen, Märkte, Lieferanten usw.) zu interagieren und ihr Innenleben (Selbstverständnis, sozialer Umgang, Kooperationsniveau usw.) zu gestalten.

Es sind also die genutzten Möglichkeiten, Impulse für Veränderungen aufzugreifen oder auch abzulehnen, die einen wesentlichen Teil der Organisationskultur ausmachen. Stützend vor allem auf die erfolgreichen Erfahrungen und Problemlösestrategien der Vergangenheit werden dabei idealtypischerweise nützliche von weniger nützlichen Erfahrungen aussortiert. Sogenannte »Best Practice«-Erkenntnisse destillieren dann Idealrezepte heraus und sollen die Erfolgsstory auch für die Zukunft sichern. Der Begriff des »kontinuierlichen Verbesserungsprozesses« (KVP) ist inzwischen weithin bekannt geworden und legt teilweise eindrucksvoll Zeugnis ab, wie Lernvorgänge in Organisationen systematisch und erfolgreich gesteuert werden können. Methodisch unterstützen hierbei auch der klassische Benchmark-Ansatz oder die bewährte SWOT-Analyse, welche sich mit den Stärken, Schwächen, Herausforderungen und Chancen einer Organisation beschäftigt. Schließlich unterstützen die bereits beschriebenen sieben Arten der Verschwendung, der PDCA-Zyklus und viele weitere Tools vor allem aus dem Lean Management ein kontinuierliches Verbesserungslernen.

---

74 https://www-03.ibm.com/press/de/de/pressrelease/32372.wss
75 Kaeser Joe, zitiert aus: »Wir werden nicht aussterben wie die Dinosaurier«, Interview mit Wichmann, Dominik; in: Focus Nr. 28 2016.

Dieses von der Wirtschaft bevorzugte Lernverständnis beschreiben die renommierten Autoren und Wissenschaftler Argyris und Schön in ihrem Klassiker »*Die lernende Organisation*« als **Lernen erster Ordnung** oder **Einschleifen-Lernen** (»Single Loop«).[76] Auf der Basis von Grundannahmen und Überzeugungen, die auf Vergangenheitserfahrungen basieren, werden also operative Maßnahmen in der Organisation angeordnet. Zur Überprüfung dieser Maßnahmen lautet die zentrale Fragestellung: **Tun wir die angeordneten Dinge richtig?**

Das Einschleifen-Lernen bezieht sich also rein auf die Reflexion der Umsetzung von Maßnahmen, Prozessen und Projekten. Werden Irrtümer entdeckt, finden automatisch Korrekturen statt, bis der erwünschte Erfolg eintritt. Wir haben es also mit einem reinen Anpassungslernen an ein Paradigma zu tun. Das kann gut oder schlecht sein, je nachdem, welche Annahmen und Werte zur Bestimmung der Verbesserung herangezogen werden. Doch diese Annahmen und Werte bleiben beim Einschleifen-Lernen unverändert. Weil man also innerhalb seines eigenen Denkmodells bleibt, findet zwar Veränderung im Sinne einer Anpassung an Bestehendes, aber kein wirklicher Wandel statt.

Es darf nun bezweifelt werden, dass dieser letztlich systemimmanente Lernvorgang innovationshemmende »blinde Flecken« in der Organisation erkennen lässt und hinsichtlich einer ungewissen Zukunft notwendige Selbsterneuerungskräfte fördern kann. Nicht jeder blinde Fleck in der Organisation entscheidet natürlich über seine Zukunftsfähigkeit. Da jedoch zahlreiche Wirtschaftswissenschaftler aktuell vom größten Umbruch in der bisherigen Wirtschaftsgeschichte ausgehen, sind durchaus Zweifel angebracht, ob es sinnvoll ist, die aus der Vergangenheit heraufwehenden Erfolgsrezepte, Denkmodelle und Werthaltungen auch für die Zukunft fahnenschwingend vor sich herzutragen. Sind sie als evolutionäres Potenzial eines Unternehmens automatisch auch noch für die Zukunft gültig und wirklich weiterhin Erfolg versprechend? Bestehende »Wahrheiten« haben durchaus auch einmal ein Verfallsdatum.[77]

Agyris und Schön stellen diesem traditionellen Lernverständnis ein interessantes **Doppelschleifen-Lernen** oder **Lernen zweiter Ordnung** gegenüber. Es folgt der Fragestellung: **Tun wir (überhaupt noch) die richtigen Dinge?**

Der »Double Loop« ist also das Hinterfragen der Grundannahmen, Denkmodelle und Werthaltungen. Die daraus gewonnenen Erkenntnisse können zu nachhaltig veränderten Sichtweisen von Annahmen und Strategien führen. Dieses Veränderungslernen stellt gegenüber dem reinen Anpassungslernen dann die Grundlage eines neuen Zusammenspiels in der Organisation mit seiner Umwelt und damit einem echten Wandel dar.

Ein gutes Beispiel für Lernen zweiter Ordnung ist die Entwicklung des Hochsprungs in der Leichtathletik. Hochsprungathleten haben jahrzehntelang die tapfersten Anstrengungen

---

[76] Argyris, Chris/Schön, Donald A.: »Die lernende Organisation«, Stuttgart: Klett-Cotta Verlag, 2006, S. 35–40.
[77] Huf, Hans Cristian: »Unterwegs in der Weltgeschichte«, München: Verlagsgruppe Random House GmbH, 2012, S. 419.

unternommen, um möglichst hoch über die Latte zu springen, sind aber letztlich immer derselben Annahme und Handlungsweise gefolgt, nämlich frontal zu springen. Erst Dick Fosbury hat durch den Fosbury Flop den Hochsprung komplett revolutioniert und durch die typische Rückwärtsbewegung die Leistungsfähigkeit im Hochsprung erheblich gesteigert.

Doch kehren wir zurück zur Wirtschaft. Apple hat bis vor wenigen Jahren noch nie Handys gebaut, dann völlig neue Wege eingeschlagen und die Welt revolutioniert. Welch eine Erschütterung für Nokia, welche im bis dahin stabilen Markt ihre Konkurrenz nach Belieben beherrschte. Doch leider hatte die Organisation nicht erfolgreich gelernt, die zukünftigen Kundenwünsche vorherzusehen bzw. Trends zu setzen. Zahlreiche neue Start-up-Unternehmen stellen mittlerweile tradiertes unternehmerisches Denken und Handeln radikal infrage. Sie widersetzen sich erfolgreich einer lange gültigen Branchenlogik.

Neue Wege zu gehen und sich damit völlig neue Marktchancen zu erschließen verspricht beispielsweise die »*Ozean Strategie*« von Kim und Mauborgne.[78] Die beiden international renommierten Strategieexperten definieren den »Roten Ozean« als einen bekannten Markt- und Wettbewerbsbereich, indem es darum geht, möglichst besser als die Konkurrenz zu sein. Im »Blauen Ozean« werden jedoch neue Märkte geschaffen und neue Nachfragen erzeugt.

Ein beeindruckendes Beispiel dafür ist das erfolgreiche Konzept des Cirque du Soleil. Statt weiterhin teure Stars zu verpflichten, noch mehr spektakuläre Tiernummern aufzubauen und damit die lange gültigen Spielregeln der Zirkusbranche weiterhin zu akzeptieren, folgte der Cirque du Soleil nicht mehr diesem traditionellen Muster. Das Ergebnis des bisherigen Benchmark-Ansatzes, also letztlich immer besser im Gleichen zu sein, stellte sich bei sinkender Nachfrage einfach zu kostspielig heraus. Sie definierten das Spiel neu: Man veränderte die Art des Humors durch raffinierteren Spaß, brachte mehr intellektuelle Elemente aus dem künstlerischen Reichtum des Theaters ein, verbesserte die Ausstattung der Zelte und schuf so eine neue Form anspruchsvoller Unterhaltung. Der »Double Loop« war hier also überaus erfolgreich.

Eine »Lernende Organisation« macht sich also selbst und ihr eigenes Lernverständnis zum Gegenstand der Beobachtung, Reflexion und zur Neuorientierung ihres Handelns.

Wenn Organisationen sich für die Zukunft lediglich auf historisch Gewachsenes und Bewährtes stützen, verlassen sie nie den eigenen »Tellerrand«. Es gilt psychologisch als erwiesen, dass Erfolgsverwöhnung kritische Selbstreflexion bremst.
- Der Kommunikationswissenschaftler Paul Watzlawick hat dazu einmal ein passendes Motto formuliert: »**Wenn Du immer wieder das tust, was Du immer schon getan hast, wirst Du immer wieder das bekommen, was Du immer schon bekommen hast.**«[79]

---

78 Kim, W. Chan/Mauborgne, Renee: »Der blaue Ozean als Strategie«, München: Carl Hanser Verlag, 2016; vgl. auch »Die Ozean Strategie« in: Harvard Business Manager, September 2005, S. 72.
79 Watzlawick, Paul, https://www.quotez.net/german/paul_watzlawick.htm.

3.3 Lernfähigkeit von Organisationen verbessern

Im Grunde genommen spricht Watzlawick ein Entwicklungsprinzip an. Übersetzt in das Anliegen dieses Kapitels, Lernfähigkeit in Organisationen zu verbessern, könnte der Spruch also lauten: »**Wenn wir über die Qualität unserer Produkte und internen Prozesse, über die (zukünftigen) Bedürfnisse unserer KundInnen, über unseren Umgang mit MitarbeiterInnen und GeschäftspartnerInnen sowie über Marktveränderungen und Wettbewerber, immer nur das denken und glauben, was wir immer schon gedacht und geglaubt haben, laufen wir im Fortschreiten der aktuellen Veränderungsdynamik Gefahr, die KundInnen, MitarbeiterInnen GeschäftspartnerInnen und den Markt zu verlieren.**«

Reflektieren Sie kurz über folgende Fragen:
- Wie werden Lernprozesse in Ihrer Organisation initiiert?
- Sind diese eher ereignisorientiert und reaktiv oder auch systematisch und iterativ?
- Wie experimentierfreudig oder wie sicherheitsorientiert erleben Sie das?
- Wie werden Innenperspektiven, also die Erfahrung verschiedener Schlüsselspieler und MitarbeiterInnen, und wie werden Impulse von außen durch KundInnen, Lieferanten, Wettbewerber dabei integriert?

In der nachfolgenden Grafik sind diese Impulsfragen über eine Skalierung von innen nach außen dargestellt. Innen entspricht dem Wert 0 und außen dem Wert 10, also hervorragend.

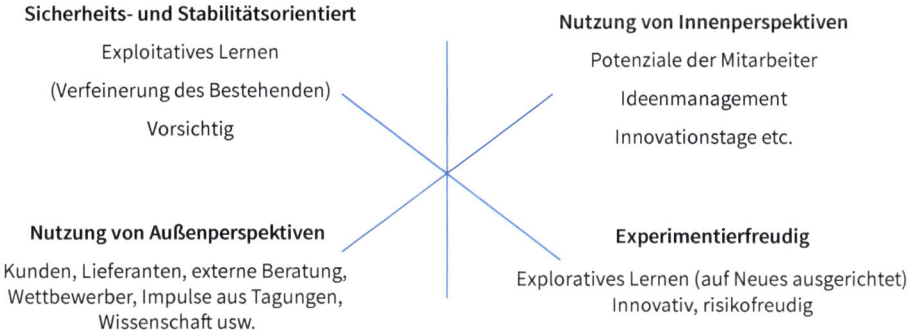

Abb. 14: Typische Lernvorgänge in Organisationen von Pit Rohwedder

Nun graben wir etwas tiefer.

Neben den expliziten Aspekten einer Organisation, wie sie in Leitbildern, Organigrammen, Ablaufbeschreibungen, KVP-Prozessen und letztlich in der operativen Wirklichkeit eines Unternehmens zum Ausdruck kommen, gibt es auch sehr aufschlussreiche implizite, also unbewusste Aspekte in Unternehmen.

Implizite Aspekte einer Organisation sind in der Regel die informellen Strukturen in den sozialen Beziehungen, die unbewussten Denktraditionen und nicht thematisierten Verhaltensroutinen. Das Unbewusste möchte ich hier als eine Blackbox oder auch blinden Fleck beschreiben. Wir wissen also zunächst nicht über alles Bescheid was sich im Unbewussten einer Organisation abspielt. Es bewusst zu machen, kann weitere Erfolgsfaktoren und Kernkompetenzen, aber auch organisationale Routinen und Trägheiten zutage fördern, die den notwendigen Anpassungs- oder Veränderungsleistungen im Wege stehen. Die Loyalität von heute ist eben oft der Widerstand von morgen. Das Einbeziehen vor allem auch der unbewussten Aspekte einer Organisation in eine Analyse lohnt sich deswegen, weil auch diese kulturellen Gegebenheiten über Erfolg, Effizienz und Leistungsmotivation mitentscheiden. Von dem renommierten Managementvordenker Peter Drucker stammt der wichtige Hinweis: *»Culture eats strategy for breakfast.«*[80]

Kultur basiert immer auf gemeinsam geteilten Normen, Werten und Symbolen sowie Mustern des Denkens, Fühlens und Handelns. Kultur beschreibt also, wie Menschen miteinander wahrnehmen, wie sie die Interaktion mit ihrer Umwelt pflegen und Entscheidungen treffen. Sie ist im Austausch mit der Mitwelt demnach eine gemeinsame Realitätsinterpretation, die oft über das jahrelange Miteinander gewachsen ist und das Geschehen in sozialen Systemen wie Familien, Vereine, Organisationen und Gesellschaften nachhaltig prägt. Diese typischen Verhaltens- und Entscheidungsmuster sind jedoch meist unbewusst, können aber beispielsweise durch Narrative, Symbole oder typische Rituale gut verdeutlicht werden.

Kulturelle Standortbestimmungen geben also Aufschlüsse darüber, wie die Organisation innen »tickt« und wie sie mit ihrer Außenwelt (KundInnen, Lieferanten usw.) interagiert. Der Nutzen, sich damit zu beschäftigen, liegt in der Förderung der Erkenntnis- und Handlungsfähigkeit vor allem für aktuell laufende Veränderungsprozesse oder für Strategieentwicklungen. Es lohnt sich also, die Organisationskultur differenziert auf ihre Stärken und Schwächen zu analysieren.

---

80   Zitiert aus: Schabel, Frank: »Kultur zum Frühstück«, in: Harvard Business Manager, April 2017, S. 28.

3.3.3 Verbesserung der Lernfähigkeit in Organisationen

> »Daher ist die Aufgabe nicht sowohl, zu sehn was noch keiner gesehen hat,
> als, bei dem, was jeder sieht, zu denken, was noch keiner gedacht hat.«
> Artur Schopenhauer[81]

Die Frage der Verbesserung von Lernfähigkeit in Organisationen richtet sich zum einen dahin, ob und wie Organisationen ihr inneres Lernmuster sowie die damit kulturell tief verwurzelten Mechanismen der Überlebenssicherung beschreiben und, falls es Umweltbedingungen notwendig machen, auch verändern können. Zum anderen geht es auch darum, welche Rolle dabei der Förderung von Kreativität und Innovation zugesprochen wird, sowie welche Mittel üblicherweise dabei zur Verfügung gestellt werden. Alle bisherigen Erfolgsrezepte sollten dabei zunächst als evolutionäres Potenzial analysiert und gewürdigt werden, müssen sich in der Folge aber einem Plausibilitätstest für ihre Zukunftstauglichkeit stellen.

Organisationale Lernfähigkeit systematisch zu fördern bedeutet demnach den Erwerb einer umfassenden Selbstbeobachtungsfähigkeit. Die Kompetenz zur Selbstreflexion aus »größerer Flughöhe« kann auch als Metakompetenz beschrieben werden.

Das Heraustreten aus dem operativen Fluss sowie das Verlassen der Mikroebene ist also zunächst Bedingung, sich den in den Alltagsgewohnheiten innewohnenden Prozessmustern und Denktraditionen im Unternehmen möglichst neutral zuzuwenden. Viele Interaktionen, Entscheidungen oder operative Abläufe folgen ja einem innewohnenden typischen Muster. Diese Muster entstehen durch Routinen, basieren auf Annahmen und werden häufig fraglos übernommen. Eine Erlaubnis, im Unternehmen unbefangen einmal quer und »out of the box« zu denken, generiert oft völlig neue Ideen und Problemlösestrategien. Ohne den Mut, unbequeme Fragen zu stellen oder revolutionäre Szenarien durchzuspielen, wären vermutlich die meisten großen Innovationen nicht möglich gewesen.

Manche der großen Erfindungen hätte es ohne Musterunterbrechungen, Irrtümer und Experimentierfreudigkeit nicht gegeben. Einige der bekanntesten »Früchte des Scheiterns« sind Penicillin, welches durch einen Schimmelpilz auf einer vergessenen Bakterienkultur entdeckt wurde, Porzellan, das irrtümlicherweise entstanden ist, weil der Alchimist Johann Böttger Silber in Gold verwandeln sollte, der Herzschrittmacher, weil ein Elektroingenieur einen falschen Widerstand eingebaut hatte, und ein »zu lascher Kleber«, der nun bei Post-its verwendet wird und zu einem neuen und erfolgreichen Geschäftsmodell avancierte.

---

81 Shopenhauer, Arthur: https://www.aphorismen.de/zitat/5758

Musterunterbrechungen bedeuten demnach:
- Alternativen und neue Denkweisen ausprobieren zu dürfen,
- dabei auf Perfektion erst einmal zu verzichten,
- Fehler als Teil eines Lern- und Entwicklungsprozesses anzuerkennen,
- Grenzen von wissenschaftlichen Modellen zu erkennen und sie pragmatisch dem eigenen Kontext anzupassen und
- durch neue Bilder neue Anziehungskräfte zu produzieren.[82]

Für die Reflexion der eigenen Fehlerkultur in Organisationen möchte ich im Folgenden auf zwei sehr unterschiedliche Denktraditionen und Haltungen im Umgang mit Fehlern hinweisen. Der **»personenzentrierte Ansatz«** im Fehlermanagement konzentriert sich auf Fehlhandlungen eines oder mehrerer Individuen am sogenannten *»sharp end«*.[83]

Dabei wird angenommen, dass der Mensch allein die Ursache für den Fehler ist und dass er eine freie Wahl zwischen richtiger und falscher Handlungsweise hat. Die meisten Menschen glauben, dass der Mensch auf eine bestimmte Art und Weise handelt, weil er eine bestimmte Art von Mensch und Persönlichkeit ist und nicht wegen der Situation, in der er sich befindet. Seine Fehlhandlungen entspringen also den von Regeln abweichenden Handlungsweisen und haben nur mit ihm selbst zu tun. Gegenmaßnahmen werden dahin gehend eingeleitet, besser zu trainieren, unerwünschte Verhaltensweisen zu ahnden oder auch disziplinarisch abzustellen. Das Hervorheben eines Beschuldigten und Definieren eines Sündenbocks ist häufig befriedigender, als ein ganzes System in eine Verantwortung mit einzubeziehen und den Kontext zu betrachten: *»Bad things happens only to bad people«*.[84]

Fehler, die aber durch eine Verkettung und Vernetzung verschiedener Begleitumstände entstanden sind, werden so nicht erkannt und können als systemimmanente Fehler weiterhin vermeidbaren Schaden anrichten.

Beim **»systemorientierten Ansatz«** haben Fehler ihren Ursprung nicht nur im menschlichen Fehlverhalten, sondern resultieren aus situativen Einflussfaktoren, die die Arbeitsumgebung berücksichtigen. Diese Faktoren können *»situationsbasierende Fehler«* sein und in einem System lange schlummern, bevor sie bemerkt werden.[85] Wer Fehler macht und über diese spricht, hilft also anderen, die gleichen Fehler nicht zu tun. Er sollte, statt wie üblich »bestraft«, dafür eher belohnt werden.

»Fehlerfreundlichkeit bedeutet nicht, Könnerschaft für unwichtig zu erachten. Sie bedeutet eher, nicht vorverurteilend und, ideal sogar freundlich, auf denjenigen zu blicken, dem Fehler passieren

---

82 Auszüge aus: Kaduk, Stefan/Osmetz, Dirk/Wüthrich, Hans A./Hammer, Dominik (Hg.): »Musterbrecher – Die Kunst, das Spiel zu drehen«, Hamburg: Murmann Verlag, 2013.
83 Firlinger, Fred: »Patient safety in emergency medicine«, Österreichische ONFE Studie der Oberösterreichischen Gesellschaft für Notfall und Katastrophenmedizin, 2006, S. 12.
84 Firlinger, Fred: »Patient safety in emergency medicine«, Österreichische ONFE Studie der Oberösterreichischen Gesellschaft für Notfall und Katastrophenmedizin, 2006, S. 12–13.
85 Linna, Erling: »Human factors in ship design«, International Conference, London 23.–25.02.2005.

und dankbar für dessen Bericht zu sein. Nur dann kann eine Haltung entstehen, in der sie auch berichtet werden.«[86]

FAZIT

In der Zukunft werden also die Fähigkeit zum Rundlauf in der Organisation, die Förderung der Innovationskraft sowie letztlich auch das Überleben von Organisationen von der Kompetenz abhängig sein, ein neues Verständnis über sich selbst, die MitarbeiterInnen, den Markt und die KundInnen zu erlangen. Daraus können dann neue Strategien, Lernwege und Verhaltensweisen entwickelt werden, die *»nie an ein Ende kommen«*.[87] Stimulieren Sie folglich durch Innovationsteams, Innovationstage sowie crossfunktionale Zusammenarbeit Lernvorgänge in der Organisation. Diese Investition wird »frischen Wind« bringen und sich immer lohnen.

»Tradition ist nicht die Anbetung der Asche,
sondern die Weitergabe des Feuers.«
Gustav Mahler[88]

Um sich im Sinne eines intelligenten Organismus auf Veränderungen einstellen zu können, versprechen Konsolidierungsmaßnahmen und Change-Projekte, welche in der Vorgehensweise das »Lernen zweiter Ordnung« berücksichtigen, chancenreicher zu sein, als diejenigen, die sich lediglich an tradierten Best-Practice-Ansätzen orientieren. Der Bundesverband Deutscher Unternehmensberater e. V. hat hierzu ein interessantes Positionspapier entwickelt, welches die wichtigsten Kriterien für erfolgreiche Veränderungsvorhaben beschreibt.[89]

Letztlich sind das Zusammenspiel und die Unterschiedlichkeit von EntscheidungsträgerInnen in der Organisation ausschlaggebend für Innovationsfreude oder Trägheit, für Aufbruchs- und Pioniergeist oder für Beharrungskräfte. Denn wenn Menschen immer aus dem gleichen beruflichen Kontext kommen, denken sie auch immer gleich. Das hat natürlich für Standarisierungen große Vorteile, weil man sich »gleich versteht«. Für die Innovationskraft und der Gestaltung neuer Wege kann es sich aber auch sehr nachteilig auswirken. Die Geschäftsführerin des Hochtechnologieunternehmens Trumpf, Nicola Leibinger-Kammüller, setzt deswegen nicht nur auf Techniker, sondern auch auf Geisteswissenschaftler in der Chefetage, *»Weil sie einfach andere Ansätze haben, anders fragen.«*[90]

Für eine erfolgreiche Zukunftsausrichtung werden also diejenigen Unternehmen stehen, die in der Lage sind, *»ihre eigene Lernfähigkeit selbst zu organisieren.«*[91]

---

86 Schwiersch, Martin.: »(Sh)it happens«, in: Berg und Steigen, Nr. 04/2003.
87 Wimmer, Rudolf: »Die Zukunft von Führung. Brauchen wir noch Vorgesetzte im herkömmlichen Sinn?«, in: OE Zeitschrift für Organisationsentwicklung 4/96, S. 57. Vgl. auch dazu: Scharmer, Otto C.: »Theorie U – Von der Zukunft her führen«, Heidelberg: Carl Auer Verlag, 2009
88 https://1000-zitate.de/autor/Gustav+Mahler/.
89 http://www.bdu.de/cm-positionspapier1.
90 Interview mit Nicola Leibinger-Kammüller in der Frankfurter Rundschau 15.07.2011, »Chefs können auch lernen«.
91 Schmidt, Siegfried: »Selbst-Bewusstsein durch Selbst-Beobachtung – Überlegungen zur kreativen Selbstorientierung von Unternehmen in Veränderungsprozessen«, in: Organisationsentwicklung, Ausgabe 4/12, Seite 66.

3.3.4 Analyse der Lernfähigkeit Ihrer Organisation: Arbeitsblatt Lernfähigkeit der Organisation

Das folgende Arbeitsblatt können Sie nun zur Analyse der Lernfähigkeit Ihrer Organisation nutzen. Dabei geht es um:
- Eine Verbesserungsphilosophie wie KVP
- Best Practice- und Benchmark-Ansätze
- Ideenmanagement, Innovationstage und Innovationsteams
- Musterwechsel und Fehlerkultur
- Weiterbildungskultur

Arbeitsblatt 1 zur Lernfähigkeit der Organisation

Lernfähigkeit in unserer Organisation	Trifft voll zu	Trifft etwas zu	Trifft nicht zu	Handlungsbedarf
Wir haben in der Organisation eine kontinuierliche Verbesserungsphilosophie.				
Alle Führungskräfte und MitarbeiterInnen kennen diese und sehen einen Sinn darin.				
Best Practice und Benchmark Ansätze gehören bei uns zum Standard.				
Gängige Modelle und Tools aus dem Lean Management werden bei uns systematisch angewendet.				
Ideen von Mitarbeiterinnen zur Verbesserung von Themen im Unternehmen werden aufgenommen, geprüft und ggf. umgesetzt.				
Die Organisation ermutigt MitarbeiterInnen dabei größere Ideen selber zu planen, zu kalkulieren und umzusetzen.				
Wir initiieren in periodischen Abständen Innovationstage und »Denkwochen«, in denen Teams neue Ideen zu Produkten oder Prozessen vorstellen.				
Temporär werden sogar Innovationsteams mit eigenem Budget gebildet.				
Experimente und Musterunterbrechungen werden als innovativer Beitrag gewürdigt.				
Erfolgreiche Musterwechsel werden allen betroffenen MitarbeiterInnen vorgestellt und offiziell gewürdigt.				
Entstandene Fehler werden nicht nur in Bezug auf die Fehler verursachende Person analysiert, sondern die Bedingungen der ganzen Arbeitsumgebung betrachtet.				

3.3 Lernfähigkeit von Organisationen verbessern

Lernfähigkeit in unserer Organisation	Trifft voll zu	Trifft etwas zu	Trifft nicht zu	Handlungsbedarf
Die Organisation investiert in Weiterbildung und interdisziplinärem Wissensaustausch.				
Die Organisation ist in regelmäßigem Kontakt mit Forschungseinrichtungen oder Hochschulen.				
Die Organisation lädt in regelmäßigen Abständen KundInnen ins Haus, um Austausch auch hinsichtlich möglicher Innovationen oder zukünftiger Produkte/Dienstleistungen zu pflegen.				
Wir hinterfragen regelmäßig unsere Strategien, Prozessmuster und Denktraditionen auf Plausibilität und Zukunftstauglichkeit. Dabei unterstützen uns Methoden des Lernens zweiter Ordnung.				
Der Unterschied Lernen erster und zweiter Ordnung ist für unseren Organisationsentwicklungsprozess vielversprechend.				

Tabelle 12: Analyse der Lernfähigkeit in der Organisation

4 Regenerative und inspirierende Räume aufsuchen

Die vorgestellten Ansätze und Methoden zur intelligenten Entschleunigung sind Mittel zum Zweck, ungezügelte Beschleunigung zu verhindern und die Gefahr der Überforderung oder des Ausbrennens zu mindern. Sie helfen uns durch kleine und größere Regenerationseinheiten, unseren Lebens- und Arbeitsalltag sinnvoll zu rhythmisieren und unser vegetatives Nervensystem zu harmonisieren.

Organisationen können durch intelligente und clevere Entschleunigungsphasen nachhaltig ihre Entwicklungsthemen umsetzen und innovative Prozesse stimulieren. Denn Einfallsreichtum wird nicht im Tunnelblick erworben und Reizüberflutung hemmt Kreativität und innovative (Lern-)Prozesse.

> »Wenn ganz Deutschland jeden Tag für eine Stunde nicht kommunizieren,
> sondern in Stille verharren und nachdenken würde,
> hätten wir wahrscheinlich den größten Innovations- und Kreativitätsschub,
> den man sich vorstellen kann.«
> Ernst Pöppel[92]

4.1 Die belebende Wirkung des Aufenthaltes im Freien

Während wir intelligente Pausen und systematische Regenerationszeiten nutzen, können uns Aufenthalte in »regenerativen Räumen« besonders wohltuend und kreativ stimulieren. Als Erstes möchte ich dabei ganz allgemein die belebenden Aufenthalte »im Freien« beschreiben. Was die bedeutenden Philosophen Aristoteles und Immanuel Kant, die Wissenschaftler Charles Darwin und Albert Einstein, die Schriftsteller Charles Dickens und Henry David Thoreau, der die Finanzkrise 2008 voraussagende Mathematiker Nassim Taleb und die innovativen Unternehmer Steve Jobs und Mark Zuckerberg regelmäßig durch Spaziergänge im Freien pflegten, ist mittlerweile durch eine wissenschaftliche Studie der Stanford-Universität von 2014 bewiesen: Spazierengehen macht kreativ.[93] Selbst Versuchsteilnehmer auf dem Laufband entwickeln mehr Ideen, als Menschen, die im Sitzen nachdenken.

---

92 Zitiert aus Vortragsunterlagen Dr. med. Volker Busch im Seminar »Gehirngerechtes Arbeiten«, Veranstaltung von SchmidtColleg, 2017.
93 https://news.stanford.edu/2014/04/24/walking-vs-sitting-042414/.

4 Regenerative und inspirierende Räume aufsuchen

Die Vorteile regelmäßiger Spaziergänge sind also zweifacher Art: Erholung und frisches Denken. Wenn wir diese regenerative Tätigkeit jedoch in der Natur ausüben, vermag diese noch eine zusätzliche Wirkung auf uns zu haben. Denn die für die Konzentration zuständigen Hirnareale regenerieren sich deutlicher und der Stresslevel wird zuverlässiger gesenkt, wie in urbanen Räumen. Die Natur bietet uns über diese beruhigende und harmonisierende Wirkung hinaus noch eine unerschöpfliche Quelle von Bildern, Symbolen und Metaphern an, die uns anregen, inspirieren und beflügeln können. So verwundert es kaum, dass viele Dichter, Künstler und Musiker den Aufenthalt in der Natur als dankbare Quelle ihrer eigenen Kreativität genutzt haben. Goethe zog es regelmäßig in die Natur und viele seiner Gedichte legen Zeugnis dieser kreativen Schaffenszeit ab. Brahms hat melodienreich seine Landschaftserlebnisse in Sinfonien komponiert.

In Beethovens Pastorale spürt man förmlich das Gewitter aufziehen. Die weltbekannte Pianistin Helene Grimaud sieht in der Natur einen »*gigantischen Ort des Keimens der Musik*«.[94] Sie ist davon überzeugt, dass die gesamte Schöpfung eine Musik spielt, die sie am Leben erhält und sich durch neue Kompositionen ständig wieder neu erzeugt.

Viele Maler haben Landschaften in ihr eigenes Empfinden »übersetzt« und wunderbare Bilder geschaffen. Zweifellos sind sie alle von der Topografie und Schönheit oder auch der Magie der Orte berührt worden. Um den Sinn der Seele für Schönheit und Kreativität zu pflegen, muss man eben schöne Räume aufsuchen.

> »*Wer einen Sinn findet in schönen Dingen, hat Kultur.*
> *Er erweckt Hoffnungen.*«
> Oscar Wilde[95]

---

94 Grimaud, Helene: »Das Lied der Natur«, München: Bertelsmann Verlag, 2014, S. 221.
95 Wilde, Oscar: »Das Bildnis des Dorian Gray«, Wiesbaden/Berlin: Vollmer Verlag, 1969, S. 5.

4.1 Die belebende Wirkung des Aufenthaltes im Freien

4.2 Das Gebirge als schöpferischer Raum

Da mir als Berater und Bergführer die Gebirgslandschaften sehr vertraut sind und ich diese Räume seit Jahrzehnten vielseitig privat und beruflich aufsuche, möchte ich Sie gerne einladen, diese Welt in ihrem stimulierenden Potenzial besser kennenzulernen.

Berge bieten uns zunächst eine wunderbare Ausgangslage: freier Himmel, offener Raum, saubere Luft und landschaftliche Vielfalt mit großer Biodiversität. Diese Lebensfülle lädt zum Schauen und Staunen ein, zum Durchatmen und Riechen, zum Lauschen und Träumen. Man bricht auf, allein oder gemeinsam, und bewegt sich in ökologisch weitgehend intakten Räumen. Durch Erlebnisse in den Bergen kann die eigene Lebensfreude wieder aufblühen. Neueste Erkenntnisse aus der Psychologie verweisen auf eine antidepressive Wirkung, bei der es sogar zu weniger Rückfallquoten kommt als bei der Einnahme von Psychopharmaka.[96]

Der französische Bergführer Gaston Rébuffat, der seinerzeit alle bedeutenden Nordwände der Alpen als Erster durchstiegen hat, erkannte bereits früh die lebensfröhliche Wirkung des Bergsteigens:

> »Was zählt, ist der Mensch, der im Verlauf des Aufstiegs neu geboren wird ...
> Aber – und ich denke, das ist das Entscheidende –
> der Mensch, der da wieder hinabsteigt,
> ist ein wenig verwandelt: in ihm klingt eine Melodie.«
> Gaston Rébuffat[97]

Leider entwickelt sich das Bergsteigen inzwischen in all seinen Disziplinen mehr und mehr zu einem Abbild unserer Hochleistungsgesellschaft. Immer häufiger wird es nur noch mit Leistungssteigerung, Motivation und Zielerreichung in Verbindung gebracht. Schnell oben anzukommen ist heute eine sehr verbreitete Metapher für Erfolg. Doch die Berge nur durch die Leistungs- und Motivationsbrille anzuschauen, sie also lediglich auf Fitnessräume oder Wettkampfarenen zu reduzieren, würde ihrer schöpferischen Fülle nicht gerecht werden. Sie sind ebenso Lehrmeister der Ruhe und Stille, der Inspiration und Kontemplation.

Wer das »Füllhorn der Berge« also jenseits von Leistungsgedanken und Erfolgsdruck erkunden und sich inspirieren lassen möchte, ist gut beraten, das Tempo erst einmal zu mäßigen und sich

---

96 Horn, Franziska: »Berge als Anti-Depressivum?« in: Alpenvereinsjahrbuch 2018, Innsbruck/Wien: Tyrolia Verlag, S. 95–96. Vgl. auch: Meiss, Ortwin: »Hypnosystemische Therapie bei Depression und Burnout«, Heidelberg: Carl Auer Verlag, 2016, S. 21.
97 Rébuffat, Gaston: »Zwischen Erde und Himmel«, Rüschlikon-Zürich: Albert Müller Verlag, 1963, S. 17 u. 63.

auf einen entschleunigten Modus einzulassen. Langsam gehen spart Kraft. Eine gleichmäßig rhythmische Bewegung, welche keine große Aufmerksamkeit für einzelne Schritte im Gelände erfordert, steigert nicht nur die Ausdauer, sie fördert durch einen eher »meditativen Modus« auch die mentale Entspannung. Das beruhigt den gehetzten Geist. Doch auch durch langsames Gehen lassen sich anspruchsvolle Bergziele erreichen. Man braucht zwar etwas mehr Zeit, ist aber wesentlich weniger erschöpft. Der erfolgreiche österreichische Höhenbergsteiger und Achttausenderbezwinger Kurt Diemberger bietet dazu eindrucksvoll seine Erfahrung an: *»Wer langsam geht, geht gut. Wer gut geht, geht weit«*.[98] Während das sportliche »auspowern« also eher für die Ausschöpfung unserer Ressourcen steht, wird das langsame und gelassene Gehen zum Sinnbild für Ressourcenschonung und regenerativer Wertschöpfung.

Dem aufmerksamen Lesenden wird die Analogie zum beruflichen Alltag nicht entgangenen sein. Wer langsam startet, arbeitet sorgfältig und verzettelt sich nicht. Wer einen Rhythmus findet und seine Ressourcen mit Maß einsetzt, erlebt weniger Hektik oder Stress, bei gleichzeitig höherer Selbstwirksamkeit. In der Ruhe liegt eben die Kraft.

Im ruhigen Bergsteigen öffnen wir allmählich auch die Sinne für die Umwelt und gleiten so in einen »Empfangsmodus«. Mit offenen Augen zu gehen, schärft unsere Wahrnehmung, auch für Kleinigkeiten. Dann kann »*Das Detail eines Dinges … das Zeichen einer neuen Welt sein.*« Miniaturen werden so zu »*Fundorten der Größe*« wie der französische Naturwissenschaftler und Philosoph Gaston Bachelard einmal schrieb.[99]

Wer also durch den üblichen Sport- oder Leistungsmodus verlernt hat, mit offenen Augen zu gehen, sollte sich von Kindern wieder zeigen lassen, welche Vielfalt solche kreativen »Entdeckerperspektiven« bieten können.

Im weiteren Verlauf der Bergtour begegnen wir einer topografischen Vielfalt, die mit wechselnden Räumen aufwartet und immer wieder unterschiedliche Blickwinkel preisgibt. Wenn wir beispielsweise vom freien Talgrund kommend den alten Bergwald betreten, wenn wir ein blumenübersätes, duftendes Hochtal erreichen, wenn wir uns in den Serpentinen eines steilen Aufschwungs befinden oder einen Übergang erreichen, der plötzlich den Blick auf die andere Seite des Berges preisgibt: Immer ändern sich die Perspektiven auf die Landschaft. Dies kann uns dazu animieren, Fragen oder Probleme, die uns bewegen, auch einmal aus unterschiedlichen Blickwinkeln zu betrachten, statt immer »mit der gewohnten Brille zu schauen.«

Am Grat oder spätestens am Gipfel empfängt uns schließlich eine wohltuende Weite. Diese Weite kann öffnen und lösen, wo uns Fokussiertheit anspannt und »eng« macht. Diese Weite kann uns faszinieren und berühren. Spätestens hier vermag sie unsere Gedanken durchzulüften

---

98 Meier-Hüsing, Peter: »Kurt Diemberger im Porträt«, Interview mit Kurt Diemberger, in: Alpenvereinsjahrbuch, Innsbruck/Wien: Tyrolia Verlag, 2013, S. 180.
99 Bachelard, Gaston: »Poetik des Raumes«, Frankfurt am Main: Fischer Taschenbuch Verlag, 1999, S. 162.

4 Regenerative und inspirierende Räume aufsuchen

und auf einer anderen »Flughöhe« wieder zu sortieren. So mancher Aussichtspunkt verschafft also Weitblick und kann uns neue Einblicke für Lebens- oder Arbeitszusammenhänge ermöglichen.

> *»Ganz neue Zusammenhänge erkennt nicht das Auge,*
> *das über ein Werkstück gebeugt ist,*
> *sondern das Auge, das in Muße den Horizont absucht.«*
> Carl Friedrich von Weizsäcker[100]

Da zahlreiche Gebirgslandschaften vom hektischen und lauten Tourismus noch verschont geblieben sind, finden wir dort noch oft eine wohltuende Stille. Diese Stille hat eine eigene, erhabene Qualität. Sie hilft, uns wieder mehr zu »erden«, zu lauschen und zuzuhören. Was wir in ihnen finden können, geht in Resonanz mit unserem Bedürfnis, Einkehr zu halten und in Ruhe wieder wir selbst zu sein. Denn in diesen Rückzugsräumen finden wir uns jenseits von Erwartungshaltungen anderer, die uns bewerten und beurteilen, uns kritisieren oder ablehnen. Hier dürfen wir sein, wie wir sind. Hier fällt es uns leicht, einfach nur »Mensch« zu sein. Ein Rückzug in diese Welt ist demnach auch eine erholsame Rückbesinnung auf sich selbst. Diese großen, stillen Räume vermögen unser Herz für Ehrfurcht und Demut zu öffnen. Ein offenes Herz fördert die eigene Resonanzfähigkeit für das Wunderbare in der Schöpfung.

---
100 https://www.zitate.eu/author/von-weizsaecker-carl-friedrich/zitate/38789.

Abschließend möchte ich noch auf die kontemplative Dimension einer Bergbesteigung hinweisen. Als Schnittpunkte zwischen Himmel und Erde können Berge nämlich ein Gefühl in uns auslösen, dass es noch etwas Größeres gibt, etwas, das weit über uns selbst hinausweist. Dort finden wir möglicherweise Antworten auf Fragen nach dem Woher und Wohin oder ob nur Geldverdienen und konsumieren, beruflicher Wettbewerb und Konkurrenz dauerhaftes Glück versprechen. Vom Mysterium der Schöpfung und seinem Glanz berührt, fällt es uns gerade im Gebirge leichter, uns spirituellen Fragen zuzuwenden.

Dieser »Wohnsitz der Götter«, wie die Gipfel in der griechischen Mythologie bezeichnet wurden und heute noch bei den Sherpas im Himalaya kulturelle Wirklichkeit sind, wird dann nicht zur »verbotenen Zone« erklärt, sondern als freier Raum der Besinnung aufgesucht. Dort können Suchende erfüllende Audienz und Begegnung erfahren. Die Bergpredigt, die den lebenspraktischen und umsetzungsorientierten Kern des Christentums verkörpert, liefert uns ein schönes Beispiel dafür. Eine Bergbesteigung vermag also auch den Charakter einer Pilgerfahrt annehmen.

> **FAZIT**
>
> Sich im Freien und in der Natur zu bewegen entspricht im Grunde genommen dem jahrtausendealten Lebensrhythmus des Menschen. Außerhalb urbaner Räume bieten uns Naturlandschaften wunderbare Räume der Entschleunigung an. Vorausgesetzt wir tragen Leistungsansprüche und Getriebensein nicht in diese Räume hinein.
> - Nutzen Sie also diese regenerativen Räume bei der wichtigen Rhythmisierung von Anspannung und Entspannung.
> - Nutzen Sie diese Räume auch einmal zur individuellen Standortbestimmung und Klärung wichtiger (Lebens-)Fragen.
> - Nutzen Sie diese Räume mit Ihren ArbeitskollegInnen auch zur kreativen Problemlösung aktueller Herausforderungen.
> - Nutzen Sie diese Räume auch für größere Klausuren oder Strategietagungen.
>
> Aus mittlerweile jahrzehntelanger Erfahrung kann ich die erholsame, »erdende« und inspirierende Wirkung dieser Entschleunigungsräume für Meetings, Workshops oder Seminargestaltungen aller Art sehr empfehlen.

5 Schöpferisch eine gemeinsame Zukunft gestalten

Meine Ausführungen über die Mitte in uns selbst, die Mitte in unserem Leben und die Mitte in unserer Arbeit beschreiben Voraussetzungen zur gesunden, schöpferischen sowie erfüllten Lebens- und Arbeitsgestaltung. Diese »Mitte« ist im Grunde genommen die Fähigkeit, eine Balance zwischen Anspannung und Entspannung, zwischen Aktion und Kontemplation, zwischen Dynamik und Stabilität, aber auch zwischen Ressourcenverbrauch und Ressourcenregeneration immer wieder herstellen zu können.

Diese Mitte steht also für ein »rechtes Maß« und demnach auch für Mäßigung. Dem großen griechischen Gelehrten Aristoteles zufolge sind das Finden eines rechten Maßes sowie das *»Mittehalten«* eine Tugend, also eine Werthaltung und Einstellung uns selbst und unserer Lebenswelt gegenüber.[101]

Diese Werthaltung ist jedoch durch die Industrialisierung, durch unsere gegenwärtige Wirtschaftsordnung und vor allem durch den Shareholder-Value-Kapitalismus weitgehend verloren gegangen. Doch wie ist es dazu gekommen und welche Wege gibt es, auch im wirtschaftlichen und gesellschaftspolitischen Kontext durch das Verständnis der maßhaltenden Mitte eine nachhaltig gesunde Zukunft zu gestalten?

Neben der individuellen und organisationalen Perspektive der vorangegangenen Kapitel möchte ich abschließend nun einen universalen Blickwinkel einnehmen, denn die aktuellen nationalen wie auch internationalen Herausforderungen und Bedrohungen unserer Welt legen den Schluss nahe, dass wir eine nachhaltige, friedliche und lebenswerte Zukunft nur als gemeinsame handelnde Menschheit erschaffen können. Denn noch nie zuvor stand so viel auf dem Spiel.

5.1 Ein kurzer Blick in die Menschheitsgeschichte

Im Laufe der Menschheitsgeschichte hat sich der Homo sapiens durch seine enorme Lern- und Entwicklungsfähigkeit gegenüber den anderen Hominiden durchsetzen können. Homo erectus, Homo rudolfensis, Homo heidelbergensis, Homo neanderthalensis usw.: Alle sind ausgestorben. Nehmen wir uns einen Moment Zeit, diese phänomenale Lern- und Gestaltungsfähigkeit des Homo sapiens kurz zu skizzieren.

---

101 Aristoteles: »Die Nikomachische Ethik«, München: dtv Verlag, 1998.

Das Erscheinen der ersten Hominiden wird auf die Zeit vor etwa sechs Millionen Jahren datiert, wobei die Informationen darüber nicht immer einheitlich sind. Doch in der Folge dauerte es noch sehr lange, bis sich unter den Hominiden der Homo sapiens, also der heutige Mensch, überlebensfähig entwickelte. Was ermöglichte den Durchbruch?

Der israelische Historiker Prof. Harari spricht von einer »*kognitiven Revolution*«, in der vor etwa 70.000 Jahren »*neue Denk- und Kommunikationsformen*« entstanden sind, welche dem Homo sapiens seinen Erfolg gegenüber den anderen Hominiden ermöglichte.[102] Ausgelöst durch diese kognitive Revolution, begann dieser Homo sapiens dann kontinuierlich seine Welt zu erkunden und vor allem sie nach seinen eigenen Bedürfnissen zu gestalten. Vor etwa 12.000 Jahren folgte die landwirtschaftliche Revolution, die zur Sesshaftigkeit und zum Ackerbau führte. Im Laufe dieser neuen Ära »erfand« der Mensch dann das Geld, die Politik und gründete erstmals Imperien. Das war gegenüber dem bisherigen Jäger- und Sammlertum völlig neu.

Im Mittelalter löste das Eingeständnis der eigenen Unwissenheit vielen Dingen gegenüber eine neue, wissenschaftliche Revolution aus. Der Aufbruch in neues Wissen öffnete dem Fortschrittsglauben, wie wir ihn heute kennen und als selbstverständlich erachten, erst die Tür. Das ist insofern interessant, weil vorher die meisten Kulturen davon ausgingen, das »Goldene Zeitalter« liege in der Vergangenheit und nicht in der Zukunft.

So wurde immer mehr in die naturwissenschaftliche Forschung investiert, was den Entwicklungen in der Medizin, der Physik, der Technik, aber auch in der Waffenkunde erheblichen Vorschub leistete. Die industrielle Revolution leitete dann im 19. Jahrhundert den Aufstieg des Kapitalismus ein und mit ihm haben sich letztlich Welthandel und Globalisierung potenziert.

Gegenwärtig befinden wir uns immer noch im Industriezeitalter, in welchem aktuell die Digitalisierung bzw. die »Industrie 4.0« stark vorangetrieben wird. Doch sie stellt uns vor Fragen und Herausforderungen, auf die wir noch keine zufriedenstellenden Antworten haben. Ich habe darauf bereits in der Einführung hingewiesen.

Insgesamt hat das Industriezeitalter jedoch nicht nur den Verbrauch natürlicher Ressourcen enorm ansteigen lassen, sondern die Verschmutzung mittlerweile auch der Meere besorgniserregend verstärkt, viele Arten aussterben lassen, eine Biodiversitätskrise und eine prognostizierte Klimakatastrophe erschaffen. Welche Folgen das vor allem für unsere Kinder und alle nachfolgenden Generationen noch herbeiführen wird, bleibt aktuell nur düster zu prophezeien.

Doch auch wenn viele dieser Ergebnisse im Grunde eine erschreckende Bilanz darstellen, so müssen wir keinesfalls dazu verdammt sein, Zerstörer unserer eigenen Welt zu sein. Ob wir die soziale Ungerechtigkeit, die weltweit mittlerweile 70 Millionen Flüchtlinge und die Klimakatastrophe in

---

102 Harari, Yuval Noah: »Eine kurze Geschichte der Menschheit«, München: Pantheon Verlag, 2015, S. 34.

den Griff bekommen, liegt an uns selbst. Ob die Folgen der industriellen Revolution also in einem globalen Desaster enden werden, liegt ebenfalls an uns. Statt einem »Weiter so« verpflichtet zu sein, können wir in Zukunft das »Erbe des Homo sapiens«, nämlich seine enorme Lern- und Entwicklungsfähigkeit mehr kollektiv bündeln und damit effektiver nutzen lernen.

So möchte ich in diesem letzten Kapitel nun den Versuch wagen, Impulse für lernende Gesellschaften zu setzen, denn auch diese haben im Laufe der Menschheitsgeschichte eindrücklich gezeigt, dass sie sich verändern konnten. Zeit also noch einmal inne zu halten und mit Weitblick auf die großen Herausforderungen der Zukunft und ihre Chancen zu schauen. Denn die Zukunft kommt nicht, die Zukunft wird von uns gestaltet.

5.2   Sechs Impulse für lernende Gesellschaften

Lebenszufriedenheit, Geborgenheit, Erfüllung und eine nachhaltige Zukunftsperspektive wollen alle Menschen. Für die Gestaltung einer gesunden, friedlichen und glücklichen Welt kommen wir jedoch nicht umhin, gängige Paradigmen auf den Prüfstand zu stellen und auf Zukunftstauglichkeit hin zu überprüfen. Das wirft allerdings unangenehme Fragen auf:
- Ist das Ausbeutungsmodell des Industriezeitalters tatsächlich noch zukunftstauglich?
- Welchen Einfluss hat unsere Verbraucher- und Konsummentalität auf die großen Probleme dieser Zeit?
- Wohin kommen wir, wenn wir dem »Weiter so« verpflichtet bleiben?

Um die Kraft für einen Richtungswechsel zu finden und intelligente Strategien dafür zu entwickeln, benötigen wir ausgerechnet das, was uns am meisten zu fehlen scheint: Ruhe, Zeit und Lernprozesse zweiter Ordnung. Dieses bereits im dritten Kapitel beschriebene Lernverständnis definiert ja genau den Vorgang, der Paradigmenwechsel einleitet. Selbstverständlich kann das Lernen zweiter Ordnung auch für gesellschaftliches und politisches Lernen verwendet werden und ist nicht dem personalen und organisationalen Lernen vorbehalten.

Im Weitere werden sechs Impulse vorgestellt, die eine Diskussionsgrundlage auf gesellschaftspolitischer und internationaler Ebene sein können:
1. **Gestalterische Verantwortung übernehmen**
   Die gestalterische Macht des Homo sapiens sollte sich in eine gestalterische Verantwortung gegenüber der gesamten Menschheit und unseres Heimatplaneten verändern. Wissen ist nicht nur Macht, sondern Wissen ist vor allem auch Verantwortung. Hier sind nationale wie internationale PolitikerInnen gefragt und wir, die wir diese wählen. Otto Graf Lamsbsdorff soll angeblich einmal gesagt haben: »*Zuerst kommt das Land, dann die Partei und dann die Person.*« Heute scheint es genau umgekehrt zu sein. Doch angesichts unserer gegenwärtigen Bedrohungen müsste das Motto lauten: »Zuerst kommt der Heimatplanet Erde, unser aller Grundlage, dann das Wohl aller Menschen und dann die PolitikerInnen und Einflussnehmer, die für die Umsetzung sorgen.« Doch leider zeigen immer noch viel zu viele PolitikerInnen

mehr Interesse am eigenen Machterhalt, statt wirklich im Dienste einer verantwortlichen und nachhaltigen Zukunft zu stehen. Dies sollte jeder Einzelne bei der nächsten Wahl ändern. Um den Einfluss des Volkes wieder mehr zu stärken, sollten wir auch unser Demokratieverständnis auf den Prüfstand stellen und beispielsweise wieder mehr Volksbegehren initiieren.

2. **Einen obersten Kulturrat ins Leben rufen**
Der bekannte Sozialphilosoph und Psychoanalytiker Erich Fromm hat bereits 1976 für einen gesellschaftlichen Wandel geworben und »*Wesensmerkmale einer neuen Gesellschaft*« definiert. Darin schlägt er unter anderem vor, einen »*Obersten Kulturrat*« ins Leben zu rufen, der die Aufgaben hat, »*Politiker und die Bürger in allen Angelegenheiten, die Wissen und Kenntnis erfordern, zu beraten.*« Dieser oberste Kulturrat soll als Ethikkommission aus einer von der Wirtschaft unabhängigen »*geistigen und künstlerischen Elite des Landes bestehen*« und eine Art Aufsichtsratsfunktion einnehmen.[103]
Solange die Wirtschaft jedoch der Politik die Richtung vorgibt, gibt es keine Kontrollfunktion. Die Wirtschaft muss für das Wohl aller da sein, nicht nur für LobbyistInnen AktionärInnen und die Gier Einzelner.

3. **Konsum- und Verbrauchermentalität verändern**
Wir müssen unsere Konsum- und Verbrauchermentalität gegenüber den Ressourcen der Schöpfung auf den Prüfstand stellen. Wie wir bereits gesehen haben, ist der Mensch als Konsument keine anthropologische Konstante, sondern er wurde durch die Industrialisierung geschaffen. Wir haben als Konsumenten und Verbraucher sehr wohl einen erheblichen Einfluss auf eine nachhaltige und umweltverträgliche Herstellung, auf die Konsummenge und auch auf irrwitzige Lieferketten. Es liegt also in unserer Verantwortung, diesen Einfluss für ein rechtes Maß (wieder) nutzen zu lernen.

4. **Interdisziplinäre Zusammenarbeit der Wissenschaften stärken**
Zum nachhaltigen Wohl aller müssen die Wissenschaften interdisziplinär stärker gefördert, sowie ganzheitliche Sichtweisen und Kompetenzen zusammengetragen werden. So bietet sich die Chance zum Entstehen einer kollektiven Intelligenz, welche wiederum kollektive Verantwortung als Menschheit fördern kann.

5. **Fürsorge und Beziehungsfähigkeiten fördern**
Wir benötigen eine andere Fürsorge- und Beziehungsqualität, nicht nur uns selbst und unseren Mitmenschen gegenüber, sondern auch gegenüber unserer Umwelt und unserem Planeten. Es geht schließlich um unsere gemeinsame Lebenszukunft als Homo sapiens und damit auch um unseren gemeinsamen Heimatplaneten. Solange wir unsere Umwelt und unsere Erde als Objekte verdinglichen, fällt es uns leichter, diese Objekte respektlos zu benutzen und ohne Ehrfurcht auszubeuten. Der amerikanische Kulturwissenschaftler Thomas Berry hat einmal gesagt: »*Wenn nichts mehr heilig ist, ist nichts mehr sicher.*«[104]
Wenn wir jedoch beginnen würden, unserer Umwelt einen subjektiven Charakter zuzugestehen, hätten wir die Chance, zu dieser Schöpfung eine andere Beziehung aufzubauen und ihr damit auch eine andere Fürsorge zuteilwerden zu lassen, als wir das gegenwärtig tun.

---

103 Fromm, Erich: »Haben oder Sein«, München: Deutscher Taschenbuchverlag, 2012, S. 211–250.
104 Berry, Thomas: »Der Kosmos spricht mit uns«, in: Zeitschrift Erleben und Lernen, 3/4 1997, S. 30–31.

Ich wage nun, diese Fürsorge als eine eher weibliche Qualität zu interpretieren. Das »Männliche« hat sich in der Evolution vor allem durch das Patriarchat von der sinnvollen Koexistenz mit dem »Weiblichen« entkoppelt und damit Machtausübung, Unterdrückung und Ausbeutung Vorschub geleistet. Die Sklavenhaltung und die Kolonialisierung beispielsweise legen ein erschreckendes Zeugnis davon ab. Was wir wieder brauchen, ist eine harmonische und damit natürliche Koexistenz männlicher und weiblicher Kräfte statt einer Dominanz männlicher oder patriarchalischer Einflüsse. Um dies zu erzielen, benötigen wir als Individuen und als Gesellschaften also ein entschiedenes Umdenken hinsichtlich der Art, wie wir unserer Mitwelt und unserer Schöpfung gegenüber Beziehung, Fürsorge und Resonanz entwickeln. Hier sind vor allem auch die Bildungseinrichtungen gefragt, neue Konzepte zu entwerfen.

6. **Interreligiösen Dialog fördern**
Für die Entwicklung einer gemeinsamen Zukunft als Menschheit ist auch die Frage einer verantwortlichen Mitgestaltung der Religionen maßgebend. Denn nur wenn die Religionen Dialog suchen und Verständnis füreinander aufbringen, kann Toleranz und Frieden gefördert sowie die Basis einer Zusammenarbeit geschaffen werden. Rassismus, Hass und Gier sind nämliche keine natürlichen Eigenschaften, sie können aber durch Empathie, Toleranz, Freundlichkeit und Liebe überwunden werden. Aus diesem Grund gibt es bereits seit 1961 die Nichtregierungsorganisation »Religions for Peace«. Diese größte internationale Allianz religiöser Gemeinschaften versteht sich als ein »*Bündnis der Barmherzigkeit und Liebe*« und hat das erklärte Ziel, weltweite Friedensarbeit voranzutreiben. Bei der 2019 stattgefundenen Tagung in Lindau beschworen nach einer gemeinsamen Prozession Christen, Hindus und Muslime, Buddhisten, Juden und Anhänger indigener Naturspiritualität »*die Einheit der Menschen in Vielfalt und das Wunder der Schöpfung, welche dringend zu schützen sei.*«[105]
Vertreter der Religionen sollten auf dieser gemeinsam geschaffenen Wertebasis in der internationalen Politik auch als Gesprächspartner mit eingebunden werden.

FAZIT

Wenn wir nicht nur als Individuen oder als Organisationen, sondern auch national und international gemeinsam das »rechte Maß« definieren, haben wir die Chance, unsere eigene Geschichte als Homo sapiens zu einer nachhaltigen Erfolgsstory werden zu lassen.

»Die Welt hat genug für jedermanns Bedürfnisse,
aber nicht für jedermanns Gier.«
Mahatma Gandhi[106]

---

[105] https://www.katholisch.de/aktuelles/aktuelle-artikel/religions-for-peace-bundnis-der-fursorge-in-konfliktreichen-zeiten.
[106] Ghandi, Mahatma, in: »Buddhistische Weisheiten«, Glogowski, Dieter (Hg.), München: Frederking & Thaler Verlag.

Danksagung

Für die Anregungen und die Mithilfe möchte ich mich bei folgenden Personen bedanken:

Christina Crowther, Dr. Jürgen Freisl, Christian Lorenz und Beatrice Rohwedder.

Literatur

Argyris, Chris/Schön, Donald A.: »Die lernende Organisation«, Stuttgart: Klett-Cotta Verlag, 2006, S. 35–40.

Aristoteles: »Die Nikomachische Ethik«, München: dtv Verlag, 1998.

Bachelard, Gaston: »Poetik des Raumes«, Frankfurt am Main: Fischer Taschenbuch Verlag, 1999, S. 162.

Bernstein, Ethan/Bunch, John/Canner, Niko/Lee Michael: »Was ist dran am Holokratie-Hype?«, in: Harvard Business Manager, April 2017, S. 32.

Berry, Thomas: »Der Kosmos spricht mit uns«, in: Zeitschrift Erleben und Lernen, 3/4 1997, S. 30–31.

Borgest, Bernhard: »Im Krankenhaus der guten Laune«, in: Focus Spezial »Fit und Gesund«, 2017/2018, S. 39.

Buhse, Willms: »Navi für die VUKA Welt«, in: managerSeminare 237/2017.

Busch, Volker: Vortragsunterlagen im Seminar »Gehirngerechtes Arbeiten«, Veranstaltung von SchmidtColleg, 2017. Busch, Volker: »Unter strom und ständig online – Das Gehirn zwischen Reizflut und Multitasking«, https://www.drvolkerbusch.de/, letzter Zugriff am 02.02.2020.

Busch, Wilhelm: »Gedichte. Kritik des Herzens« (1874), in: »Sämtliche Werke«, Nöldeke, Otto (Hg.), München: Braun & Schneider, 1943.

Büschemann, Karl Heinz: »Feigheit vor der Zukunft«, in: SZ, Nr. 142/2013, S. 26.

Carrel, Alexis: http://zitate.net/alexis-carrel-zitate, letzter Zugriff am 02.02.2020.

Collins, Jim: »Der Weg zu den besten«, Frankfurt am Main: Campus Verlag, 2011.

Csíkszentmihályi, Mihály: »Flow – Das Geheimnis des Glücks«, Stuttgart: Klett-Cotta Verlag, 2015.

Danne, Silvia: »Love Brands«, Wien: Linde Verlag, 2015.

Dapprich, Gerd: »Unternehmen ohne Managerinnen und Manager?« in: FernUni Perspektive, Zeitschrift der Fernuni Hagen, Ausgabe 62, 2017, S. 7.

de Mello, Anthony, zitiert aus »«Unzeitgemäße Betrachtungen des Mythos Management« , Wieland Uwe, 2004, Rotary Club Fulda, http://www.dialoge-organisationsberatung.com//wp-content/uploads/Mythos-Management.pdf, letzter Zugriff am 02.02.2020.

Dönhoff, Marion: »Zivilisiert den Kapitalismus«, Stuttgart: Deutsche Verlagsanstalt, 1997, S. 220.

Drucker, Peter F.: »Die ideale Führungskraft«, Düsseldorf/Wien: Econ Verlag, 1995, S. 69.

Fiedler, Fred, zitiert aus: »Sozialpsychologie«, in: Aronson, Elliot/Wilson, Timothy/Akert, Robin (Hg.), München: Pearson Verlag, 2004, S. 342.

Firlinger, Fred: »Patient safety in emergency medicine«, Österreichische ONFE Studie der Oberösterreichischen Gesellschaft für Notfall und Katastrophenmedizin, 2006, S. 12.

Fournier, Cay von: »Unternehmensführung – Menschenführung«, SchmidtColleg St. Gallen, 2008, Lehrwerk, S. 364.

Papst Franziskus zitiert in Assheuer, Thomas: »Der Hochverräter«, in: DIE ZEIT, Nr. 11/2018, S. 54.

Freisl, Jürgen: »Entwicklung eines systemischen Managementansatzes zur Bewertung von Wirkungszusammenhängen in unternehmerischen Strukturen mittels kausalanalytischer Methoden«, Dissertation, Bochum, 2011, S. 4.

Freud, Siegmund: »Das Ich und das Es: Metapsychologische Schriften«, Frankfurt am Main: Fischer Taschenbuchverlag 1992.

Fromm, Erich: »Haben oder Sein«, München: dtv Verlag, 2012, S. 20 u. 211–250.

Ghandi, Mahatma: »Buddhistische Weisheiten«, Glogowski, Dieter (Hg.), München: Frederking & Thaler Verlag, 2015.

Götz, Werner: »Das Märchenbuch für Manager«, Fuchs, Jürgen (Hg.), München: dtv Verlag, 2010, S. 140.

Grimaud, Helene: »Das Lied der Natur«, München: Bertelsmann Verlag, 2014, S. 221.

Hanh, Thich Nhat: »Buddhistische Weisheiten«, Glogowski, Dieter (Hg.), München: Frederking & Thaler Verlag, 2016.

Harari, Yuval Noah: »Eine kurze Geschichte der Menschheit«, München: Pantheon Verlag, 2015, S. 34 u. 465.

Horn, Franziska: »Berge als Anti-Depressivum?« in: Alpenvereinsjahrbuch, Innsbruck/Wien: Tyrolia Verlag, 2018, S. 95–96.

Huf, Hans Cristian: »Unterwegs in der Weltgeschichte«, München: Verlagsgruppe Random House GmbH, 2012, S. 419.

Hüther, Gerald: »Wie Embodiment neurologisch erklärt werden kann«, in: »Embodiment. Die Wechselwirkung von Körper und Psyche verstehen und nutzen«, Bern: Hogrefe Verlag, 2017, S. 80.

Kaduk, Stefan/Osmetz, Dirk/Wüthrich, Hans A./Hammer, Dominik (Hg.): »Musterbrecher – Die Kunst, das Spiel zu drehen«, Hamburg: Murmann Verlag, 2013.

Kaeser, Joe: »Wir werden nicht aussterben wie die Dinosaurier«, Interview mit Wichmann Dominik; in: Focus, Nr. 28, 2016.

Kim, W. Chan/Mauborgne, Renée: »Die Ozean Strategie« in: Harvard Business Manager, September 2005, S. 72.

Kim, W. Chan/Mauborgne, Renee: »Der blaue Ozean als Strategie«, München: Carl Hanser Verlag, 2016.

Körner, Simon: »Die Beschleunigungsfalle in organisationalen Veränderungen – eine ressourcenorientierte Führungsperspektive«, Dissertation, St. Gallen, 2014.

Kuhl, Julius/Scheffer, David/Mikoleit, Bernhard/Strehlau, Alexandra (Hg.): »Persönlichkeit und Motivation im Unternehmen«, Stuttgart: Kohlhammer Verlag, 2010, S. 12.

Langer, Ellen: »5 Perspektiven«, in: Harvard Business Manager, Januar 2017, S. 30–32.

Langer, Ellen: »Das Leben besteht aus Augenblicken«, in: Harvard Business Manager, April 2014, S. 36–37.

Leitl, Michael: »Lost in Transformation«, in: Harvard Business Manager, April 2017, S. 27.

Leventhal, Adam et al. (USC): »Association of Digital Media Use With Subsequent Symptoms of Attention-Deficit/Hyperactivity Disorder Among Adolescents«, in: Journal of the American Medical Association, 2018, S. 255–263.

Linna, Erling: »Human factors in ship design«, International Conference, London 23.–25.02.2005.

Meier-Hüsing, Peter: »Kurt Diemberger im Porträt«, Interview mit Kurt Diemberger, in: Alpenvereinsjahrbuch, Innsbruck/Wien: Tyrolia Verlag, 2013, S. 180.

Malik, Fredmund: »Wirtschaftswandel zu mehr Komplexität«, http://www.karrierefuehrer.de/branchen/wirtschaftswissenschaften/wirtschaftswandel-zu-mehr-komplexitaet.html, letzter Zugriff am 20.02.2020.

Markowetz, Alexander: »Digitaler Burnout«, München: Droemer Knaur Verlag 2015.

McKinsey & Company: »Organizing for successful change management: a global survey«, in: The McKinsey Quartely, July 2006, S. 1–8.

Meiss, Ortwin: »Hypnosystemische Therapie bei Depression und Burnout«, Heidelberg: Carl Auer Verlag, 2016, S. 21.

Nagel, Reinhart/Wimmer, Rudolf: »Systemische Strategieentwicklung«, Stuttgart: Schäffer-Poeschel Verlag, 2014, S. 1.

Leibinger-Kammüller, Nicola: »Chefs können auch lernen«, in: Frankfurter Rundschau, 15.07.2011.

Precht, Richard David: »Jäger, Hirten, Kritiker«, München: Goldmann Verlag, 2018, S. 15, 95 u. 125.

Raichle, Markus E.: »Im Kopf herrscht niemals Ruhe«, in: Spektrum der Wissenschaft, Juni 2010.

Rébuffat, Gaston: »Zwischen Erde und Himmel«, Rüschlikon-Zürich: Albert Müller Verlag, 1963, S. 17 u. 63.

Reddemann, Luise: »Imagination als heilsame Kraft«, Stuttgart: Klett-Cotta Verlag, 2017.

Rosa, Hartmut: »Was ist das gute Leben?«, in: DIE ZEIT, Nr. 25/2013, S. 13.

Sass, Björn Erik: »Arschbombe ins Glück«, in: DIE ZEIT, Nr. 28/2019, S. 60.

Schabel, Frank: »Kultur zum Frühstück«, in: Harvard Business Manager, April 2017, S. 28.

Scharmer, Otto C.: »Theorie U – Von der Zukunft her führen«, Heidelberg: Carl Auer Verlag 2015

Schiller, Friedrich: »Über naive und sentimentalische Dichtung« in: »Sämtliche Werke«, Fricke, Gerhard/Göpfert, Herbert/Stubenrauch, Herbert (Hg.), 3. Auflage, München: Hanser, 1962.

Schmid, Wilhelm: »Mit sich selbst befreundet sein«, Frankfurt am Main: Suhrkamp Verlag, 2007, S. 33.

Schmidt, Josef: »Wirtschaftsethik«, Neudrossenfeld: SC Verlags- und Service GmbH, 2016, S. 121.

Schmidt, Siegfried: »Selbst-Bewusstsein durch Selbst-Beobachtung – Überlegungen zur kreativen Selbstorientierung von Unternehmen in Veränderungsprozessen«, in: Organisationsentwicklung, Ausgabe 4/12, S. 66.

Schulz von Thun, Friedemann: »Miteinander Reden 2«, Reinbeck bei Stuttgart: Rowohlt Taschenbuchverlag GmbH, 1983, S. 38.

Schwiersch, Martin: »(Sh)it happens«, in: Berg und Steigen, Nr. 04/2003.

Shakespeare, William: »Die Sonette, München«: Deutscher Taschenbuchverlag, 2012, S. 119.

Shopenhauer, Arthur: https://www.aphorismen.de/zitat/5758 Letzter Zugriff 02.02.2020

Spitzer, Manfred: »Digitale Demenz. Wie wir uns und unsere Kinder um den Verstand bringen.«, München: Droemer Knaur, 2012 u. a.

Sprenger, Reinhard K.: »Die Entscheidung liegt bei Dir«, Frankfurt: Campus Verlag, 2016.

Steinmeier, Frank-Walter: »63 Fragen an den Mann, der auf Deutschland aufpasst«, Interview mit Goffart, Daniel; Rohleder, Jörg Harlan; Schneider, Robert; in: Focus, Nr. 03/2018.

Storch, Maja: »Embodiment im Zürcher Ressourcenmodell«, in: »Embodiment«, Bern: Hogrefe Verlag, 2017.

Tan, Chede-Mang: »Durchatmen«, in: Harvard Business Manager, Januar 2017, S. 35.

Thoreau, Henry David: »Walden oder Leben in den Wäldern«, Zürich: Diogenes Verlag, 2004, S. 156.

Tworuschka, Monika/Tworuschka, Udo: »Die Seele ist wie ein Wind – Weisheit der Religionen«, Zürich/Düsseldorf: Benzinger Verlag, 1999, S. 101.

Watzlawick, Paul, https://www.quotez.net/german/paul_watzlawick.htm, letzter Zugriff: 02.02.2020.

Wilde, Oscar: »Das Bildnis des Dorian Gray«, Wiesbaden/Berlin: Vollmer Verlag, 1969, S. 5.

Wimmer, Rudolf: »Die Zukunft von Führung«, in: OE Zeitschrift für Organisationsentwicklung, 4/96, S. 57.

Wydler, Hans/Kolip, Petra/Abel, Thomas (Hg.): »Salutogenese und Kohärenzgefühl, Grundlagen, Empirie und Praxis eines gesundheitswissenschaftlichen Konzepts.«, Weinheim/München: Juventa Verlag, 2000.

Zak, Paul J.: »Wie Vertrauen die Leistung steigert«, in: Harvard Business Manager, Mai 2017, S. 74–79.

Zierer, Klaus: »Nicht ablenken lassen!«, in: DIE ZEIT, Nr. 30/2019, S. 58.

Internetquellen

https://www.aerztezeitung.de/politik_gesellschaft/praevention/article/978537/dak-umfrage-top-vorsaetze-2019-weniger-handy-stress.html, letzter Zugriff am 02.02.2020.

http://www.bdu.de/cm-positionspapier1, letzter Zugriff am 02.02.2020.

http://www.blachreport.de/nachrichten/aktuell/11716-nachhaltigkeitsstudie-2016.html, letzter Zugriff am 02.02.2020.

http://www.callcenterprofi.de/branchennews/detailseite/der-kunde-von-morgen-muendig-selbstbewusst-und-anspruchsvoll-20154816/, letzter Zugriff am 02.02.2020.

http://www.euro.who.int/de/health-topics/noncommunicable-diseases/mental-health/news/news/2012/10/depression-in-europe/depression-in-europe-facts-and-figures, letzter Zugriff am 02.02.2020

http://www.focus.de/politik/weitere-meldungen/psychische-krankheiten-von-der-leyen-kampf-gegen-burnout-im-mittelstand_aid_710083.html, letzter Zugriff am 02.02.2020.

https://www.katholisch.de/aktuelles/aktuelle-artikel/religions-for-peace-bundnis-der-fursorge-in-konfliktreichen-zeiten, letzter Zugriff am 02.02.2020.

http://www.lean-production-expert.de/lean-production/7-verschwendungsarten.html, letzter Zugriff am 02.02.2020.

https://www.mercer.de/newsroom/stressfaktor-smartphone-2015.html, letzter Zugriff am 02.02.2020.

https://www.muenchener-institut.de/daten-fakten-folgen-fuer-unternehmen/, letzter Zugriff am 02.02.2020.

https://news.stanford.edu/2014/04/24/walking-vs-sitting-042414/, letzter Zugriff am 02.02.2020.

https://de.statista.com/statistik/daten/studie/214816/umfrage/ansichten-ueber-die-soziale-marktwirtschaft/, letzter Zugriff am 02.02.20

https://www.owayo.de/de/magazin/uebertraining-bedeutung-ursachen-und-behandlung.htm, letzter Zugriff am 02.02.2020.

https://verdi-bub.de/wissen/praxistipps/fuersorgepflicht-im-arbeitsverhaeltnis, letzter Zugriff am 02.02.2020.

https://worldhappiness.report/ed/2019/, letzter Zugriff am 02.02.2020.

https://www.zitate.eu/author/von-weizsaecker-carl-friedrich/zitate/38789, letzter Zugriff am 02.02.2020.

http://zitate.net/glück-zitate, letzter Zugriff am 02.02.2020.

https://zitatezumnachdenken.com/william-shakespeare/page/2, letzter Zugriff am 02.02.2020.

https://www.151storys.com/post/verkaufe-einen-traum-an-kunden-die-dich-lieben, letzter Zugriff am 02.02.2020.

https://1000-zitate.de/autor/Gustav+Mahler/, letzter Zugriff am 02.02.2020.

Über den Autor

Pit Rohwedder, geb. 1963. Als Sohn eines Missionsarztes 4 Jahre in Indien aufgewachsen.

Seine Leidenschaft das Bergsteigen machte ihn 1997 zum staatlich geprüfter Berg- und Skiführer. Über die alpine Erlebnistherapie und die alpine Erlebnispädagogik führten ihn seine eklektizistischen Studien in Wirtschaftspsychologie und Kulturwissenschaft zur Systemtheorie und Kybernetik. Als Systemischer Organisationsberater und Business Coach verbrachte er fünf prägende Jahre in einem großen deutschen Automobilkonzern. Danach sammelte er verschiedene Interimsmanagementerfahrungen in mittelständischen Betrieben.

Als selbstständiger Berater begleitet er Menschen und Organisationen in Veränderungsprozessen:
- seine Lösungen verbessern die Lebensqualität und Lebensfreude von Menschen,
- seine Lösungen steigern Leistungslust, Rundlauf und Innovationskraft in Organisationen,
- seine Lösungen optimieren nachhaltig und verantwortungsvoll die Nutzung von individuellen, kollektiven und materiellen Ressourcen,
- seine innovativen Auszeitseminare in den Bergen führen zu mehr Weitblick und Klarheit.

www.rohwedder-konzepte.com

Stichwortverzeichnis

A
Ablenkung 14, 52
Achtsamkeit 54
Achtsamkeitsübungen 54
Arbeitsblatt 45, 57, 96
Arbeitsgestaltung
 — schöpferische 107
Arbeitspause 55
Arbeitswelt 13, 16, 21
Aufenthalt
 — in regenartiven Räumen 99
Aufgabenreife 69, 78, 80
Ausbeutungsmentalität 60

B
Bedürfnis 38
Beschleunigung
 — unkontrollierbare 81
Beschleunigungsdynamik 18
Beschleunigungsfalle 9, 20, 22, 51, 62, 63, 64, 65
Betriebssysteme
 — agile 77
Bewusstsein 54
Beziehungsqualität 110
Burn-out 15, 16, 22
 — digitales 32

C
Change Management 62, 63
 — permanentes 64

D
Dialog 111
Digitalisierung 14, 16, 18
Doppelschleifen-Lernen 89
Drei-Instanzen-Modell 37

E
Effizienzsteigerung 65
Einarbeitungsplan 79

Einschleifen-Lernen 89
Entschleunigung 45, 49
 — berufliche 57
 — clevere 9, 23, 25, 32, 99
 — Räume der ~ 105
Entschleunigungsfaktor 30
ESP 71
Eutonie 28
explizite Aspekte einer Organisation 92

F
Fasten
 — digitales 33
Fehlermanagement
 — personenzentrierter Ansatz 94
Fehlermanagment
 — systemorientierter Ansatz 94
Flow 9, 28, 59, 78, 81
Fokus 54
Fremdbestimmung 34
Frieden
 — innerer 41
Führung 73, 74
Führungskraft 74
Führungskräftereife 69, 73
Fürsorgepflicht 52

G
Gebirgslandschaft 102, 104
Gesellschaft
 — unternehmerische 77
Gesellschaften
 — lernende 109
Gesundheit 16, 17, 25, 27, 31
Glück 42, 43

H
Helikopterperspektive
 — strategische 73
High-Trust-Unternehmen 74

I
implizite Aspekte einer Organisation 92
Impulsfragen 39
Inspektion 65
Internationalisierung 18

J
Jahressteuerung 50
Jahreszielplan 50

K
Kernprozess 75
Kohärenz 27
Konzentration 53, 74
Kooperationsniveau 76
Korridor
— eutonischer 28, 59
Kultur 92
Kulturelle Standortbestimmungen 92
Kulturrat
— oberster 110
Kundenverhalten 71
Kündigung
— innere 9, 63, 64, 78

L
Lebensfreude 16, 17, 18, 23, 25, 45
Lebensgestaltung
— schöpferische 107
Leistung
— wirksame 49
Leistungssteigerung 9, 13, 17, 20, 63, 102
Leitbild
— unternehmerisches 70, 72
Lernen
— zweiter Ordnung 109
Lernen erster Ordnung 89
Lernen zweiter Ordnung 89
Lernfähigkeit
— organisationale 82, 93

Lernfähigkeit der Organisation 86, 96
Lernfähigkeit in Organisationen 88, 91
— Verbesserung der ~ 93
Lernvorgänge in der Organisation 95
Lernzeit 65

M
Management 73, 74
Maximalstreben 22, 60, 61
MBSR 54
Mehrfachbelastung 64
Mengenreduzierung 52
Mengenüberforderung 51
Mengenzuwachs 19, 65
— optimale Voraussetzungen 65
Menschheitsgeschichte 107
Metakompetenz 76, 93
Metaperspektive 41
Metazufriedenheit 41
Minipause 55
Mitarbeiterbindung 70
Mitgestaltung 78
Mitte 23, 59, 107
— der Organisation 59
Monitoring
— qualitatives 68
— quantitatives 68
Motivation 22, 78
Multioptionsgesellschaft 9, 14, 28
Multiprojektmanagement 64
Multitasking 52
Muße 44
Musterunterbrechung 93

N
Natur 100
Navigationsplan 79

O

Optimum 61
Organisation
— lernende 90
Organisationsentwicklungsprozess 72
Organisationsform
— agile 78
Organisationskorridor
— eutonischer 59
Organisationskultur 92
Ort
— innerer 39
Ozean Strategie 90

P

Pause 54
PDCA-Zyklus 81
Positives 41
Priorisierung 50
Prozessdarstellung 75
Prozessmanagement 76
Prozessreife 69, 75

Q

Qualifizierung
— der Führungskräfte 75
Qualifizierungsmatrix 79

R

Raum
— regenerativer 105
— schöpferischer 102
Reduzierung 32
Reflexion 23
Regeneration 20, 22, 29, 54
Regenerationseinheit 99
Regenerationsphase 13
Regenerationszeit
— systematische 99
Reifegrad 67, 69
— der Synchronisation 76
Reifegradanalyse 82

Reifegraderhöhung 67
Resilienz 27
Revolution, digitale 16
Routinephase 65
Ruhephase 17

S

Salutogenese 27
Schaffenskraft 25, 56
Schlüsselkriterien 69
Selbstausbeutung 37
Selbstbestimmung 35
Selbstgespräch 35
Selbstreflexion 93
Selbstwirksamkeit 25
Shareholder-Value-Kapitalismus 13, 60
Shareholder-Value-Zwang 62
Smartphone 32
SSP 72
Stille-Zeit 33
Stress 13, 15, 29, 31, 78
Synchronisation
— aller Werttreiber in der Organisation 67
Systemelemente
— soziale 68

T

Team
— selbst organisiertes 77
Teamreife 69, 76

U

Überanstrengung 52
Überbelastung 63
Überforderung
— permanente 64
Über-Ich 37
Übung 35, 39
Umsetzungsreife 69
Umsetzungsreifegrad 70
USP 71

V
Veränderungsprojekt 19, 65
Verantwortung
— gestalterische 109
Verbesserungsprozess
— kontinuierlicher 88
Verbrauchermentalität
— Ändern der ~ 110
Verschwendungsarten 80
Vitalitätsfenster 61
Vogelperspektive 35
VUKA-Welt 87

W
Wert 37
Werte- und Entwicklungsquadrat 37
Werttreiber 67
Wettbewerb 17
Wirkungsgrad 67
Wochenarbeitsplan 50

Z
Zeit
— störungsfreie 53
Zukunft 109
Zukunftsfähigkeit von Organisation 86
Zustand
— übertrainierter 21

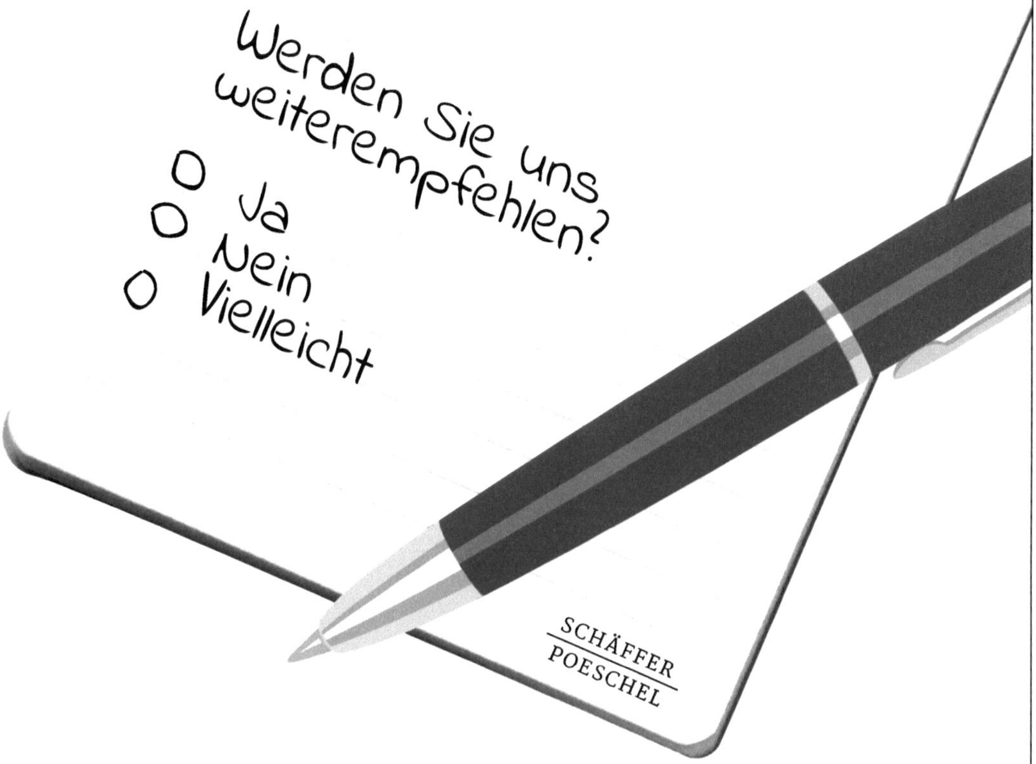

Werden Sie uns weiterempfehlen?
O Ja
O Nein
O Vielleicht

Ihr Feedback ist uns wichtig! Bitte nehmen Sie sich eine Minute Zeit:

www.schaeffer-poeschel.de/feedback

SCHÄFFER POESCHEL